高等职业教育新形态创新系列教材
高等职业教育新一代信息技术与人工智能系列教材

机器人流程自动化（RPA）实践教程
基于HUAWEI WeAutomate

主　编　李成渊　张爱萍
副主编　张　宾　赵鸿昌　严璐绮
参　编　任靖福　梅　娟　赵　吉　傅　毅
　　　　岳　睿　丁　一　杨　涛　朱冠融
　　　　李　宇　聂　飞

西安交通大学出版社
XI'AN JIAOTONG UNIVERSITY PRESS

图书在版编目(CIP)数据

机器人流程自动化(RPA)实践教程 / 李成渊,张爱萍主编. —西安:西安交通大学出版社,2024.7
高等职业教育新一代信息技术与人工智能系列教材
ISBN 978-7-5693-3727-3

Ⅰ.①机… Ⅱ.①李… ②张… Ⅲ.①机器人－程序设计－高等职业教育－教材 Ⅳ.①TP242

中国国家版本馆 CIP 数据核字(2024)第 076705 号

JIQIREN LIUCHENG ZIDONGHUA (RPA) SHIJIAN JIAOCHENG

书　　名	机器人流程自动化(RPA)实践教程
主　　编	李成渊　张爱萍
策划编辑	杨　璠　曹　昳
责任编辑	杨　璠　王玉叶
责任校对	魏　萍　李　文
封面设计	任加盟
出版发行	西安交通大学出版社 (西安市兴庆南路1号　邮政编码 710048)
网　　址	http://www.xjtupress.com
电　　话	(029)82668357　82667874(市场营销中心) (029)82668315(总编办)
传　　真	(029)82668280
印　　刷	西安五星印刷有限公司
开　　本	787 mm×1092 mm　1/16　印张 16　字数 338 千字
版次印次	2024 年 7 月第 1 版　2024 年 7 月第 1 次印刷
书　　号	ISBN 978-7-5693-3727-3
定　　价	59.00 元

如发现印装质量问题,请与本社市场营销中心联系。
订购热线:(029)82665248　(029)82667874
投稿热线:(029)82668502
读者信箱:phoe@qq.com

版权所有　侵权必究

前言

机器人流程自动化（robotic process automation，RPA）是一项革命性的技术，在当今数字化时代具有重要意义。随着企业业务流程的复杂化和自动化需求的增加，RPA作为一种高效、灵活、可靠的解决方案，为企业实现业务流程的自动化提供了新的可能性。

特别是在《2024年政府工作报告》（后简称《报告》）中，科技创新和现代化产业体系建设得到了前所未有的重视，《报告》强调了加快新质生产力发展和推进绿色低碳转型的目标，这与RPA技术的内核理念紧密相连。RPA通过在自动化生产线监控、供应链优化等方面的应用，直接推动制造业走向高端化、智能化和绿色化，响应了产业升级转型和新质生产力培育的号召。此外，RPA与人工智能、大数据等先进技术的融合，进一步激发了数字经济的创新活力，加速了政府服务的数字化转型，提升了公共服务的智能化水平，与《报告》中关于数字经济和数字政府建设的蓝图完美对接。

本书是一本以华为（HUAWEI）WeAutomate Studio环境为基础的技术指南。在这个环境中，读者可以学习RPA技术，并将其应用于各种实际场景中。通过学习本书的内容，读者可以掌握RPA的基本概念和原则，了解RPA在国内外的发展情况和应用，并学习使用华为WeAutomate提供的工具和技术来实现业务流程的自动化处理。

本书的编写特点主要体现在以下几个方面。首先，本书注重实践性，每章都包含理论知识和实训任务，并结合华为WeAutomate平台，针对具体场景和问题，提供了详细的操作步骤和实例，读者通过实际操作可以深入了解和掌握RPA技术。其次，本书内容全面、系统，囊括了从RPA的基本定义、发展情况，到安装配置、UI（user interface，用户界面）录制方案，再到实际应用案例和控制流技术相关知识，使读者可以全面掌握RPA的理论和实践技能。最后，本书着重讲解实际应用案例，通过具体的案例帮助读者更好地理解和掌握RPA的技术方法。此外，本书的每个项目后设置有项目小结和课后练习，以帮助读者总结和巩固所学的知识。

本书由李成渊、张爱萍主编,其中项目1、项目2、项目4、项目5和项目6由李成渊小组(李成渊、杨涛、朱冠融、李宇、聂飞)完成;项目3、项目7、项目8和项目9由张宾小组(张宾、赵吉、傅毅、岳睿、丁一)完成;RPA与Linux综合实训则由赵鸿昌小组(赵鸿昌、任靖福、梅娟、严璐琦)完成;张爱萍参与了多个项目的内容创作和实训的素材整理,同时还进行了部分稿件的统稿。本书的成稿得到了无锡城市职业技术学院的大力支持,在此致以诚挚的谢意!在本书编写过程中,还得到了无锡城市职业技术学院工业互联网学院同事的帮助与支持,也在此表示感谢!

通过本书的学习之旅,读者不仅能全面掌握RPA技术,更能将其有效应用于工作与生活中,实现流程的高效自动化,体验技术带来的便捷与创新力量。我们深信,本书将为读者在RPA技术的探索与应用之路上提供坚实支撑,助您在学习与实践中收获满满。在此,衷心期盼每位读者能于技术的海洋中畅游,享受学习的乐趣,成就技术应用的高峰,共同推动这一前沿技术的广泛应用,让工作与生活因技术而变得更加高效、美好。

作 者

2023年8月18日

目录

项目1 初识机器人流程自动化(RPA) 1

1.1 机器人流程自动化(RPA)定义 1
1.2 RPA 技术在国内外的发展情况及应用 2
1.3 RPA 机器人的特点 4
1.4 初识 HUAWEI 机器人流程自动化产品 WeAutomate 4
1.5 项目小结 6
课后练习 8

项目2 安装配置 WeAutomate 11

2.1 了解 WeAutomate 的两种使用场景 11
2.2 安装与配置 WeAutomate Studio 12
2.3 安装与配置 WeAutomate Assistant 15
2.4 创建一个自动化项目 16
2.5 实训任务：敏感词替换 19
2.6 项目小结 23
课后练习 24

项目3 Web 与 App 信息的协同采集 27

3.1 了解 UI 录制方案 28
3.2 认识 UI 录制器 29
3.3 UI 录制的步骤 30
3.4 UI 录制特定场景下的操作 31

3.5　实训任务：Web 与 App 信息的协同采集 ……………………………………… 37

　　3.6　项目小结 …………………………………………………………………………… 41

　课后练习 ……………………………………………………………………………………… 43

项目4　判断水仙花数——变量定义 ………………………………………………………… 45

　　4.1　认识变量与参数 …………………………………………………………………… 46

　　4.2　了解常见数据类型 ………………………………………………………………… 47

　　4.3　变量赋值与引用 …………………………………………………………………… 48

　　4.4　实训任务：判断水仙花数 ………………………………………………………… 51

　　4.5　项目小结 …………………………………………………………………………… 60

　课后练习 ……………………………………………………………………………………… 61

项目5　判断手机号所属运营商——数据类型 ……………………………………………… 63

　　5.1　字符串操作 ………………………………………………………………………… 64

　　5.2　列表操作 …………………………………………………………………………… 79

　　5.3　字典操作 …………………………………………………………………………… 82

　　5.4　日期与时间操作 …………………………………………………………………… 85

　　5.5　正则表达式操作 …………………………………………………………………… 86

　　5.6　实训任务：判断手机号所属运营商 ……………………………………………… 88

　　5.7　项目小结 …………………………………………………………………………… 94

　课后练习 ……………………………………………………………………………………… 94

项目6　随机生成验证码——控制流 ………………………………………………………… 97

　　6.1　了解控制流概念和原则 …………………………………………………………… 98

　　6.2　设计顺序执行程序 ………………………………………………………………… 98

　　6.3　设计条件执行程序 ………………………………………………………………… 99

　　6.4　设计循环执行程序 ………………………………………………………………… 110

　　6.5　实训任务：随机生成验证码 ……………………………………………………… 112

　　6.6　项目小结 …………………………………………………………………………… 114

课后练习 ·· 115

项目7　检索 RPA 的应用——网页自动化 ·· 119

　　7.1　网页元素定位 ··· 119
　　7.2　XPath 基础 ·· 124
　　7.3　认识常用的 Web 网页自动化控件 ·· 125
　　7.4　实训任务:检索 RPA 的应用 ··· 131
　　7.5　项目小结 ··· 137
　　课后练习 ·· 138

项目8　成绩分析——Excel 数据表操作 ·· 142

　　8.1　RPA Excel 操作基础 ··· 143
　　8.2　实训任务:成绩分析 ·· 156
　　8.3　项目小结 ··· 163
　　课后练习 ·· 164

项目9　值班表整合分发——Word / E-mail 自动化 ······························· 167

　　9.1　Word 自动化 ··· 168
　　9.2　E-mail 自动化 ··· 176
　　9.3　实训任务:值班表整合分发 ·· 180
　　9.4　项目小结 ··· 189
　　课后练习 ·· 190

RPA 与 Linux 综合实训 ·· 193

　　实训1　录屏器 ··· 195
　　　　S1.1　执行流程 ·· 195
　　　　S1.2　RPA 方法 ·· 196
　　　　S1.3　Linux 脚本方法 ·· 201
　　　　S1.4　小结 ··· 206

· 3 ·

实训 2　消息记录图片抽取 ·················· 207
   S2.1　项目需求与功能分析 ················ 207
   S2.2　技术可行性分析 ···················· 208
   S2.3　RPA 操作步骤 ······················ 210
   S2.4　RPA 方法的不足 ···················· 216
   S2.5　Linux 脚本的实现过程 ·············· 216
   S2.6　小结 ································ 228

实训 3　自动发事件与 GUI 自动化 ·········· 229
   S3.1　RPA 方法——发送键盘事件 ········ 229
   S3.2　RPA 方法——发送鼠标事件 ········ 233
   S3.3　GUI 自动化 Linux 方法 ············· 239
   S3.4　基于 Linux 的 expect 命令的交互项目 ·· 244
   S3.5　小结 ································ 247

课后练习参考答案 ································ 248

项目 1　初识机器人流程自动化(RPA)

本项目的主要内容为机器人流程自动化概述,通过本项目,您将对机器人流程自动化有一个较为全面的了解。

知识目标

1. 了解 RPA 的基本定义和原理。
2. 掌握 RPA 在国内外的主要发展情况和应用领域。
3. 了解华为 RPA 产品——WeAutomate 的特点和应用场景。

能力目标

1. 能够分析和解释 RPA 技术在不同行业中的应用案例。
2. 能够比较 RPA 在不同国家和地区的发展情况。
3. 能够评估使用 RPA 解决特定业务问题的可行性和效果。

素质目标

1. 培养对新兴技术的兴趣和好奇心,提高对自动化技术的认识和理解。
2. 培养综合分析和解决问题的能力,帮助理解和应用 RPA 技术。
3. 培养团队协作和沟通能力,通过讨论和合作来深入了解 RPA 技术的作用和局限性。

1.1　机器人流程自动化(RPA)定义

机器人流程自动化(robotic process automation,RPA)是一种集成了屏幕抓取技术和业务流程自动化管理技术,通过利用软件机器人或数字工作者模拟人类操作来执行重复任务的技术。RPA 机器人可以模拟人类进行鼠标点击、键盘输入等操作,从而执行一系列具有一定规则、需要重复执行的业务流程。

传统企业管理模式下,业务流程中的重复性操作需要耗费大量人力和时间,而 RPA 的目的就是通过自动化这些重复和耗时任务,以及实现不同流程之间的协同处理,帮助企业节省时间和劳动力成本,提高效率和运营的准确性。

1.2 RPA 技术在国内外的发展情况及应用

1.2.1 RPA 技术在欧美地区的发展情况

RPA 在欧美地区的应用范围非常广泛,一些来自不同行业和领域的企业和组织已经开始采用 RPA 技术。

金融服务行业:在欧美地区,金融服务行业是 RPA 应用的主要领域之一,RPA 机器人可以自动检查文件、处理数据并生成报告,减少了人工处理的时间和错误率。一些银行和保险公司已经开始使用 RPA 来自动处理如账户开户、理赔处理等重复性任务。如美国的金融服务公司 JPMorgan Chase 使用 RPA 来处理贷款申请、核实客户身份等任务;美国的花旗银行使用 RPA 来提高客户服务质量,实现业务快速处理和减少错误率等。

零售行业:欧美地区的零售行业开始使用 RPA 来优化供应链管理和物流运作。例如,德国的欧莱雅公司使用 RPA 来自动化商品订单管理、发货和跟踪等流程,以提高订单处理效率和准确性;法国的能源公司 ENGIE 使用 RPA 来自动化采购流程,RPA 机器人可以自动处理订单、审核发票、更新供应商信息等任务,减少了人工处理的工作量。

医疗保健行业:欧美地区的医疗保健行业开始使用 RPA 来提高医疗服务效率和准确性。一些医院和诊所已经开始使用 RPA 来自动化患者预约、病历记录和药品配送等流程,以提高医疗服务质量和效率。例如,英国的医疗保险公司 Aviva 使用 RPA 来处理保单申请和索赔处理等任务,RPA 机器人可以根据预设规则自动审核申请和索赔材料,减少人工干预,降低了出错的风险。

制造业:欧美地区的制造业开始使用 RPA 来优化生产流程和降低成本。例如,德国的汽车制造商奥迪汽车公司使用 RPA 来简化供应链管理流程,将订单的数据从电子邮件中提取出来,自动填写到 ERP(enterprise resource planning,企业资源规划)系统中,这项工作以前需要大量的人工干预和处理,现在通过 RPA 可以实现自动化;英国的劳斯莱斯汽车公司使用 RPA 来自动化零部件质量检查、生产计划排程和机器人维护等流程,以提高生产效率和准确性。

RPA 在欧美地区的发展情况非常积极,并且随着技术的不断发展,应用场景不断扩大。

1.2.2 RPA 技术在国内的发展情况

RPA 在中国的发展也非常迅速,随着人工智能技术的不断发展和应用,越来越多的企业和组织开始使用 RPA 来提高生产效率和降低成本。以下是 RPA 在中国各个行业的一些应用实例。

金融服务行业：金融服务行业也是 RPA 在中国的主要应用领域之一。例如，弘玑 Cyclone 公司为企业提供端到端的超自动化解决方案，包括清算数据核对机器人、对公账户开户报备机器人、智能文档纠错机器人等；中国农业银行使用 RPA 来自动处理重复性任务，如账户开户、账单查询和信用卡还款等流程，以提高业务处理效率和准确性。

电信行业：中国的电信运营商开始使用 RPA 来自动化业务流程。例如，中国电信使用 RPA 来自动化客户服务流程，如自动回复短信、自动转接呼叫和自动处理客户反馈等，以提高客户服务质量和效率。

制造业：国内制造业开始使用 RPA 来优化生产流程和降低成本。例如，深圳市文达时代科技有限公司作为流程自动化解决方案提供商，开发了 Aboter 流程自动化平台，将其设计为跨平台、更易用、更智能的 RPA 工具。

电商行业：以弘玑商品自动上下架 RPA 机器人为例，商品自动上架机器人是针对电商商家发布商品的具体情境而设计的流程自动化机器人，它将传统上新产品的步骤压缩为整理上新商品表格、自动登录、填写与检测以及确认上架四个步骤，实现了一键完成商品自动发布的功能，推动了电商智能化发展。引入弘玑 RPA 机器人后，RPA 机器人可以根据设定好的程序自行运作，一键完成商品自动发布，运行的速率远远快于人工，有效提高了商品的上架效率。

RPA 在国内同样得到了蓬勃的发展，被广泛应用于金融、电信、制造和电商等不同行业和领域。

1.2.3　RPA 未来的发展趋势

作为新兴交叉技术，RPA 技术将朝着更加智能化和自适应的方向发展，并主要体现在以下几个方面。

(1) 人工智能和机器学习在 RPA 技术中的应用。随着人工智能和机器学习技术的不断发展，RPA 系统将会变得更加智能化和自适应。未来的 RPA 系统可以通过学习、预测和自我优化，提高自动化的效率和质量。

(2) RPA 系统与人类工作的协同。未来的 RPA 系统将更加注重与人类工作的协同，实现更加智能的自动化。例如，在某些行业中，RPA 系统可以自动完成大量数据录入、审核等工作，对于一些需要人类专业知识和判断力的任务，RPA 系统也可以提供辅助，让人类工作更加高效。

(3) RPA 技术与云端和边缘计算技术的整合。未来的 RPA 系统将更多地整合云端和边缘计算技术，实现更加灵活和智能的自动化。例如，将 RPA 和云计算技术结合起来，可以实现更加高效的资源调度和任务协同。

以金融行业为例，可以试想，未来的 RPA 系统可以通过机器学习技术来自动识别和预测市场趋势，帮助金融机构做出更加准确的投资决策，也可以与云计算技术结合，自动化地处理大量的金融数据,完成账单审核、财务报表生成等任务。随着技术的不断发展,RPA系统在金融行业的应用将变得更加广泛和智能化。

1.3 RPA机器人的特点

RPA机器人是一种计算机软件机器人,它能够模拟人类操作计算机,其实就是利用一个计算机程序去控制另外一个计算机程序。RPA机器人具备以下特点。

• 运行速度快

RPA机器人基于明确的业务规则进行重复性操作,和人相比,执行速度更快,可以在更短的响应时间完成更多的任务。

• 执行成本低

RPA机器人可以长时间不间断地工作,并且不会出现人为错误,可以节约人力成本和时间成本,降低错误率。

• 使用门槛低

无需编程知识,业务人员经过短期的熟悉后,就可以熟练和灵活地使用RPA机器人,经过一段时间的培训,甚至可以自己设计RPA流程,从而有更多时间投入更有价值的创造性工作。

• 不替换现有系统

RPA机器人主要基于屏幕抓取技术,模拟用户在前端界面操作,无需重构现有系统,既可及时满足新的业务需求,又避免了IT(information technology,信息技术)部署的复杂性和风险。

• 可扩展性强

RPA机器人可以基于实体机、虚拟机部署,例如,Cyclone的机器人支持在Windows系统、Mac系统、Linux系统等不同系统环境中部署和运行,当企业有需求时,随时可以扩展业务场景和机器人数量。

• 安全合规

RPA基于明确的业务规则执行任务,用户可以基于日志、截图、视频全方位审计跟踪RPA执行记录,极大地避免了人为处理可能产生的失误,提高了业务处理的准确性和合规性。

1.4 初识HUAWEI机器人流程自动化产品WeAutomate

华为早在2015年就引入了RPA技术,在全球多个区域的服务交付共享中心应用于性能告警、数据统计等场景,以提升客户服务质量和工作效率。然而,由于电信行业的特殊性,许多传统的RPA厂商无法满足华为在运营商网络软件方面的要求。

为解决这个问题，华为于 2017 年开始自研 RPA，并选择 python 作为开发语言，使用 Springboot 框架开发了端到端全自动化平台，用于流程设计、运行和管理。逐步完善了 RPA 执行器、管理中心和设计器，提高了 RPA 软件的质量。

在 2019 年，华为进一步拓展了 RPA 设计器的功能，实现了通过"拖拉拽"的方式完成 RPA 流程的编排，并支持流程录制。同时，投资低代码开发平台 GDE. ADC［general digital engine，GDE，(华为)统一数字化作业平台；application development center，ADC，应用开发中心］，提供了端到端编排能力，与 RPA 集成，加快业务开发效率。华为的自研 RPA 在内部各个职能部门使用约 1 万个数字机器人，实现了公司内部流程末端的自动化处理，提升了处理效率。

随着与客户和伙伴的交流与实践，华为发现仅仅依靠 RPA 产品无法解决企业数字化转型的"最后一公里"问题。因此，华为将已有的 AI(artificial intelligence，人工智能)和大数据能力引入 RPA，增加了大数据流处理和批处理编排能力，并将 OCR(optical character recognition，光学字符识别)、NLP(natural language processing，自然语言处理)等 AI 算法模型集成到 RPA 设计器中，实现了开箱即用的智能自动化能力。

到 2021 年，华为的 RPA 产品升级为 WeAutomate 超级自动化平台，聚焦政务、财务领域，通过整合 RPA 与智能化、云化、低代码开发平台，构建了更强大的智能自动化能力和场景解决方案。华为还提供了以业务中心视角开发的设计器 StudioE，降低了使用门槛，使更多用户能够快速上线应用。

作为自研 RPA，华为的产品支持了 CV(computer vision，计算机视觉)、OCR 等能力，提高了自动化效率。技术栈采用了跨平台方案，支持多种操作系统。并且，在稳定性和安全性方面有多个技术专利，保障了在不同应用场景中的稳定性能。

需注意，在使用 RPA 自动化拆解业务场景前，需要考虑许多因素。RPA 适用于具有明确规则、可重复执行、可识别输入数据的业务流程，并且需要在稳定的系统上开发。对于纯后台或主要是后台的复杂业务流程，RPA 的优势不明显，而程序设计语言更适合。华为 RPA 也支持前后台的集成，可以在流程中调用封装好的代码模块。

华为 WeAutomate 平台主要有以下三个组件。

(1) Studio(设计器)：其作用是根据项目需求，设计和实现 RPA 自动化脚本(类似于编剧设定场景和对白)。Studio 提供免费的教育版供师生使用，其启动界面如图 1-1 所示。

(2) Assistant(机器人助手)：其作用是负责执行 Studio 设计好的自动化脚本(类似于演员根据剧本完成表演)。

(3) Management Center(管理中心)：其作用是负责调度和编排各个自动化脚本(类似于导演现场调度演员的表演)。

图 1-1 WeAutomate 教育版启动界面

1.5 项目小结

RPA 是一种通过软件机器人或数字工作者自动化重复和耗时任务的技术。它可以模拟人类用户的操作,执行各种任务,如数据输入、文档处理、数据分析等,以节省时间和劳动力成本、提高效率和准确性。

在国际上,RPA 已经被广泛应用于金融、零售、医疗保健和制造等行业。

在中国,RPA 的应用也在快速发展。金融服务行业使用 RPA 完成账户开户、账单查询和信用卡还款等流程。电信、制造和电商行业也开始广泛应用 RPA 来提高效率和降低成本。

RPA 机器人具有运行速度快、执行成本低、使用门槛低、不替换现有系统、可扩展性强和安全合规的特点。华为作为国内 RPA 的领军企业,在自研 RPA 产品上不断创新,推出了 WeAutomate 超级自动化平台。该平台整合了 RPA 与智能化、云化、低代码开发平台,提供智能自动化能力和场景解决方案。

未来,RPA 的发展趋势将包括更智能化和自适应的应用、与人类工作的协同、与云端和边缘计算技术的整合等。

总的来说,RPA 是一项具有前景的技术,它在国内外已经得到广泛应用,并将随着技术的发展持续发展。

前沿资讯

《2024年政府工作报告》对RPA支持新质生产力发展的要求

"(一)大力推进现代化产业体系建设,加快发展新质生产力。充分发挥创新主导作用,以科技创新推动产业创新,加快推进新型工业化,提高全要素生产率,不断塑造发展新动能新优势,促进社会生产力实现新的跃升。"

——《2024年政府工作报告》

现代化产业体系建设

《报告》中提到的"大力推进现代化产业体系建设,加快发展新质生产力",强调了以科技创新推动产业创新,这与RPA技术的核心理念相契合。RPA作为数字化转型的关键工具,可以在推动制造业高端化、智能化、绿色化转型中发挥作用,具体的应用点包括自动化生产线监控、供应链优化、质量控制等。

加快发展新质生产力

新质生产力是创新起主导作用,摆脱传统经济增长方式、生产力发展路径,具有高科技、高效能、高质量特征,符合新发展理念的先进生产力质态。它与传统的生产力模式有本质区别,传统生产力侧重于使用人力和初步机械化的生产工具,而新质生产力则强调知识、技术、创新的主导作用,以及对产品科技含量和附加值的提升。新质生产力的提升和发展需要重视人才培养、创新驱动、技术应用和知识管理,它的包容性和可持续性能够推动经济结构优化升级和高质量发展。

RPA支持新质生产力发展

RPA支持新质生产力发展主要体现在以下几个方面。

(1)技术创新推动。RPA作为数字技术的一种应用,是新质生产力的典型体现。它利用软件机器人模拟人类操作,自动执行重复性高、规则明确的工作流程,显著提高了工作效率和精确度。这种技术的创新应用,是科技进步对生产力提升的直接反映,符合新质生产力的发展要求。

(2)产业转型升级。RPA在推动产业转型升级中扮演着重要角色,尤其是在制造业、零售业、金融业、服务业等领域。通过自动化流程,企业能够更快地响应市场变化,优化资源配置,实现更高效的生产和运营,这是新质生产力推动产业结构优化升级的具体表现。

(3)数字经济融合。数字经济时代,RPA与大数据、人工智能、云计算等技术的结合,进一步推动了生产方式的变革。这种融合促进了数据驱动的决策制定、个性化服务、智能化生产等,增强了经济活动的灵活性和适应性,体现了新质生产力的柔性化和数字化特征。

(4)优化资源配置。新质生产力强调的是提高单位产品的科技含量和附加值,RPA通过对流程的自动化和优化,减少了不必要的资源浪费,提高了资源使用效率,有助于构建更加高效、绿色的生产模式。

(5) 促进创新生态。RPA 的实施需要与企业整体的数字化战略相结合，这促使企业构建或融入创新生态系统，进行跨部门、跨行业的协作与共创，进一步激发全社会的创新活力，这也是发展新质生产力强调的创新驱动发展思路。

课后练习

一、选择题

1. RPA 是指什么？　　　　　　　　　　　　　　　　　　　　（　　）
   A. 机器人流程自动化　　　　　　B. 机器人人工智能
   C. 机器人物理自动化　　　　　　D. 机器人数据处理

2. RPA 的主要目的是什么？　　　　　　　　　　　　　　　　　（　　）
   A. 提高效率、降低成本、提高准确性
   B. 增加工作量、提高成本、降低准确性
   C. 降低效率、提高成本、降低准确性
   D. 提高效率、降低成本、降低准确性

3. RPA 机器人具有哪些特点？　　　　　　　　　　　　　　　　（　　）
   A. 运行速度快、执行成本高　　　B. 运行速度慢、执行成本低
   C. 运行速度快、执行成本低　　　D. 运行速度慢、执行成本高

4. 下列哪项是 RPA 技术在金融行业的应用？　　　　　　　　　（　　）
   A. 贷款申请、核实客户身份　　　B. 商品订单管理、发货和跟踪
   C. 医疗保险申请和索赔处理　　　D. 零部件质量检查、生产计划排程

5. 下列哪项是华为的 RPA 产品？　　　　　　　　　　　　　　（　　）
   A. WeTab　　　　　　　　　　　　B. WeAutomate
   C. HUAWEI Astro Bot　　　　　　D. HUAWEI Astro Flow

6. RPA 系统是基于什么进行任务执行的？　　　　　　　　　　（　　）
   A. 人工智能　　　　　　　　　　B. 机器学习
   C. 业务规则　　　　　　　　　　D. 数据分析

7. 下列组件不属于华为 WeAutomate 平台主要组件的是？　　　（　　）
   A. 操作器(Operator)　　　　　　B. 执行器(Robot)
   C. 设计器(Studio)　　　　　　　D. 管理中心(Management Center)

8. RPA 机器人可以应用在哪些行业？　　　　　　　　　　　　（　　）
   A. 都可以　　　　　　　　　　　B. 餐饮、旅游、教育
   C. 金融、医疗、制造　　　　　　D. 石油、建筑、娱乐

9. WeAutomate 平台的管理中心负责什么？ （   ）
   A. 设计和实现 RPA 自动化脚本　　　B. 执行 RPA 自动化脚本
   C. 调度和编排 RPA 自动化脚本　　　D. 审计和跟踪 RPA 执行记录
10. 下列哪项是 RPA 机器人的特点？ （   ）
    A. 使用门槛高　　　　　　　　　　B. 不替换现有系统
    C. 运行速度慢　　　　　　　　　　D. 安全性低

二、填空题

1. RPA 是通过集成屏幕抓取和业务流程自动化管理技术，模拟用户的鼠标点击、键盘输入等操作，将一段　　　　　　、　　　　　　的业务，变成一段可自动化执行的流程文件。
2. RPA 的主要目的是帮助企业　　　　　　、　　　　　　、　　　　　　。
3. RPA 在中国的发展情况也非常迅速，主要应用于　　　　　　、　　　　　　、　　　　　　和　　　　　　等。
4. 华为的 RPA 产品为　　　　　　，通过整合 RPA 与智能化、云化、低代码开发平台，构建了更强大的智能自动化能力和场景解决方案。

三、判断题

1. RPA 是一种通过软件机器人或数字工作者自动化重复和耗时任务的技术。（   ）
2. RPA 的主要目的包括提高效率、降低成本和降低准确性。（   ）
3. RPA 机器人具有运行速度慢、执行成本高的特点。（   ）
4. RPA 的应用领域包括金融、医疗、制造和电商等行业。（   ）
5. 华为的 RPA 产品是名为 WeAutomate 的超级自动化平台。（   ）
6. RPA 是基于明确的业务规则执行任务的。（   ）
7. 可以根据业务需求设计 RPA 机器人实现自动化脚本。（   ）
8. RPA 机器人可以替换现有系统来实现自动化。（   ）
9. RPA 的未来发展趋势之一是与人类工作的协同。（   ）
10. RPA 机器人的特点之一是使用门槛低。（   ）

四、简答题

1. RPA 的定义和主要目的是什么？

2. RPA 在国内外的发展情况如何?

3. 请简要介绍华为的 RPA 产品 WeAutomate。

4. RPA 的未来发展趋势有哪些?

项目 2　安装配置 WeAutomate

本项目为 WeAutomate 安装配置,主要介绍 WeAutomate 的安装与配置方法。通过本项目,您将学习如何下载和安装 WeAutomate 的设计器(WeAutomate Studio)及机器人助手(WeAutomate Assistant)。

知识目标

1. 理解 WeAutomate 的两种使用场景,能够选择合适的安装与配置方式。
2. 熟悉 WeAutomate Studio 的界面和功能,能够进行基本的项目创建和编辑操作。
3. 了解 WeAutomate Assistant 的安装和配置步骤,能够正确安装和配置。

能力目标

1. 能够独立完成 WeAutomate Studio 以及 WeAutomate Assistant 的安装和配置。
2. 能够使用 WeAutomate Studio 创建一个简单的自动化项目,并运行项目获取结果。

素质目标

1. 培养学习和操作新工具的能力,提高对自动化技术的应用能力。
2. 培养问题解决能力和自主学习能力,通过安装与配置 WeAutomate,激发探索欲望和创新思维。
3. 培养耐心和细致的工作态度,通过创建和运行自动化项目,培养团队合作和沟通能力。

2.1　了解 WeAutomate 的两种使用场景

针对用户是否需要使用设计功能,WeAutomate 提供两种使用场景,如图 2-1 所示。用户可根据各自的使用场景,进行对应的安装与配置。

场景一:直接安装 WeAutomate Studio

该场景模式下,系统自带执行模块,RPA 机器人的设计与执行均从 WeAutomate Studio 的

GUI(graphical user interface,图形用户界面)中驱动,而 WeAutomate Assistant 模块则对用户是不可见的,这是一种比较推荐的使用方法。

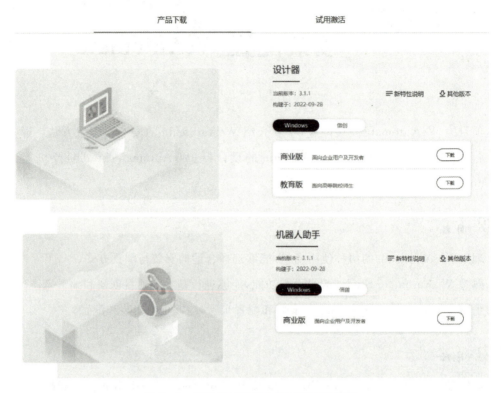

图 2-1　设计器与机器人助手的下载界面

场景二:不安装 WeAutomate Studio,只安装 WeAutomate Assistant

在 WeAutomate 自动化脚本已经测试完成的情况下,利用该场景,用户可将脚本部署在安装有机器人助手的环境下直接使用。当然,单机终端可以同时安装设计器和机器人助手。

2.2　安装与配置 WeAutomate Studio

本小节主要介绍 WeAutomate 的安装与配置操作,如果读者仅使用场景二,则可以忽略此部分内容。

2.2.1　下载与安装 Windows 版设计器

在华为 WeAutomate RPA 产品下载页面找到"设计器",点击"立即试用",选择"Windows",再根据自身需求,选择商业版或者教育版;点击"下载"按钮下载后解压,得到 exe 类型的可执行安装文件;双击执行该安装文件完成安装即可。

需要注意的是,若设备中已安装有其他版本的设计器,需要先卸载原来的版本,再进行当前版本的安装。华为 GED CLOUD 官网支持历史版本的下载,用户可点击"其他版本"链接来获取。

2.2.2 下载与安装 Linux 版设计器

Linux 版设计器的下载与 Windows 版一致,在如图 2-1 所示"设计器"卡片上选择"Linux",点击"下载"按钮即可。下载后,解压 zip 类型的安装包,得到 deb 类型的安装文件,在命令行中执行如下命令即可完成安装。

sudo dpkg -i 文件名.deb

如果已经安装有其他版本,也需要先卸载原来的版本,再安装现有版本。

安装完成后,可通过以下三种方式激活软件。

第一种,Unipartal 账号登录。即使用个人 Uniportal 账号及密码进行登录后使用,无需再配置许可证激活。

第二种,激活许可登录。适用于已经购买了正式许可的商用场景,直接导入本地许可文件,即可以进入设计器主界面。

第三种,稍后自行登录。选择该选项可以跳过登录窗口直接进入主界面,但在使用运行功能之前仍然需要导入许可或登录 Uniportal 账号。

安装过程中有可能出现以下问题。

常见问题一:安装失败。

若发生这种情况,需检查当前登录系统的用户是否有安装权限,可使用管理员权限重新启动安装;若依然安装失败,则需检查系统内安装的杀毒软件是否误将 exe 程序关闭,可关闭杀毒软件后重新启动安装。

常见问题二:设计器安装成功后,运行失败或元素无法拾取。

若发生这种情况,需检查浏览器中是否已有扩展程序并已启动。若未安装或有错误提示,则需要重新添加扩展程序。

常见问题三:设计器安装成功后,控件栏显示空白,设置中的插件没有自动安装。

若发生这种情况,需检查 C 盘和安装路径所在磁盘剩余空间是否大于 2 GB,以及安装时安装路径是否为英文。

设计器安装成功并打开后,有两种编排模式——Studio 模式和 StudioE 模式,如图 2-2 所示,供用户选择。

图 2-2　华为 WeAutomate 设计器编排模式选择

　　Studio 模式适合于专业开发者，适用于构建调试步骤众多、功能复杂的自动化流程；而 StudioE 则为 Studio 的简易版，适合没有 IT 背景且使用 Office 软件较频繁的业务用户。本章节主要是以 Studio 模式介绍为主，也穿插介绍 StudioE 模式的部分功能。

　　在选择 Studio 模式后，即进入 WeAutomate Studio 设计界面，如图 2-3 所示。

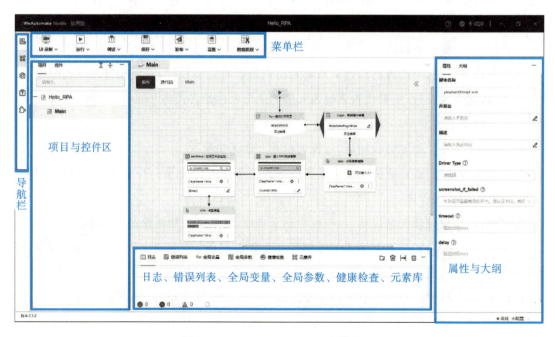

图 2-3　WeAutomate Studio 设计界面

从设计界面中可以看到,左侧为导航栏,其中包括了【开始】【设计】【设置】【帮助】【扩展管理】5个栏目;【设计】栏右侧为项目和控件区,左侧为项目区,指向正在打开编辑的项目和项目保存路径;右侧为控件区,排列了 WeAutomate Studio 支持的所有控件,例如 UI 自动化、流程控制、人工智能、数据处理等,打开折叠按钮则可以使用更多的控件;界面上侧为菜单栏,包括UI 录制、运行、保存及发布等常用功能;界面右侧为控件属性及使用帮助,显示当前已选中控件的参数设置界面和使用帮助界面;界面下侧为日志、常量、参数设置及健康检查等区域,支持日志调试、常量设置、参数设置及脚本健康检查等。

界面正中间为设计区,包含两种模式:画布模式和源代码模式。用户可以将左侧的控件,拖拽到画布中来进行编排,调整属性值的同时,也生成对应的源码。在画布的右上角,WeAutomate 提供编排过程中的常用功能,例如撤销、恢复、放大、缩小、概览、定位到开始节点、清空等功能;同时提供自动布局功能,当画布中各控件自由摆放,但用户希望更改为串行布局时,便可以点击该按钮。另外,WeAutomate 也提供自动布局开关,默认打开自动布局。

禁用自动布局时,界面右侧则为每个控件对应的属性面板、帮助面板以及当前脚本的大纲,用户可在属性面板中填写相应的参数、查看输入输出,在帮助面板中查看该空间的使用示例等。

主界面下侧为日志、错误列表、全局变量、全局参数、健康检查以及元素库等,用于支持日志调试和变量参数设置等,具体功能会在后续章节中详细介绍。

如果希望进入 StudioE 界面,用户可点击左侧设置菜单,选择编排模式,查看或更改 Studio 的编排模式,选择 StudioE,则可以切换至 StudioE 的界面。StudioE 模式中,很多的功能被简化,因其主要面向简单工作业务人员,相对复杂的控件以及参数变量等都已被去除。

2.3 安装与配置 WeAutomate Assistant

WeAutomate Assistant,也就是 RPA 机器人助手。当前支持使用机器人助手的操作系统有:Windows10 64 位、Windows Server2012 R2 64 位、Windows Server2016 64 位、Windows Server2019 64 位、统信 UOS(unity operating system,统一操作系统)、麒麟 V10 系统。无人值守场景下,需要保持 WeAutomate Assistant 的远程桌面连接功能打开,端口放通(默认 3389)。

机器人助手的安装与配置操作,分成以下三个步骤(以 Windows 版为例)。

第一步:在华为 WeAutomate 产品下载页面找到"机器人助手",选择所需版本进行下载。
第二步:解压并双击 exe 安装文件,选择要安装的客户端类型为 WeAutomate 助手;
第三步:选择安装语言与安装路径,并点击立即安装,如图 2-4 所示。

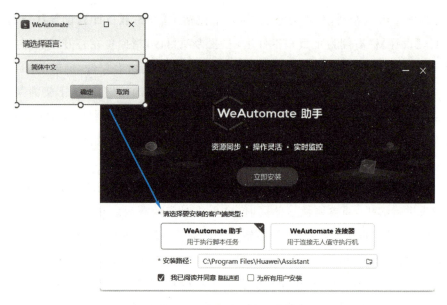

图 2-4 机器人助手的安装界面

2.4 创建一个自动化项目

使用 WeAutomate 创建项目比较简单,可以直接导入待处理的文件,也可以单击"新建项目"新创建一个 RPA 项目。下面就以"HelloWorld"项目创建为例,演示如何使用 WeAutomate 创建新项目。

单击 WeAutomate 首页导航区的"开始"按钮,在页面上单击"新建项目"按钮,在"新建项目"窗口内的"项目名称"文本框中填写本项目名称"HelloWorld",在"保存路径"文本框中设置本项目保存路径,"支持的操作系统类型"默认为"Windows","开发者"和"描述"文本区域可选择性填写,如图 2-5 所示,然后点击"创建"按钮。

进入 HelloWorld 项目主界面后,在画布中央有一个播放按钮,鼠标靠近该按钮,点击向下的箭头,在搜索窗口中,输入"message"或者"消息窗口"等关键词,搜索结果会显示"消息窗口(公共>编程&调试)"选项,如图 2-6 所示,单击该选项即可引入该控件。

项目2　安装配置WeAutomate

图 2-5　"新建项目"窗口

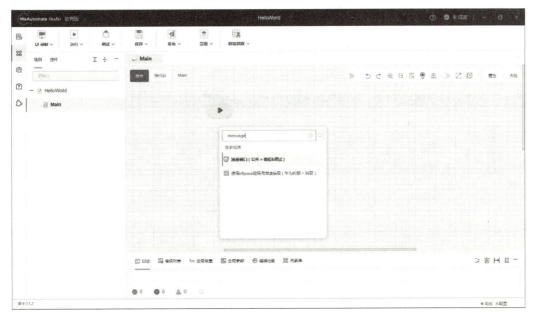

图 2-6　搜索"message"

如图 2-7 所示,"message-消息窗口"控件中"消息框内容"即为弹出框中显示的内容,在此处键入"HelloWorld",然后点击画布上方菜单栏中"运行"下拉框中的"运行当前脚本"或者使用 CTRL+F10 快捷键,让程序运行,得到运行结果,如图 2-8 所示。画布下方的日志窗口中,将会同步显示程序运行的详细过程;点击画布区域左上角的"源代码"按键,窗口将跳转为本次设计的后台脚本界面。

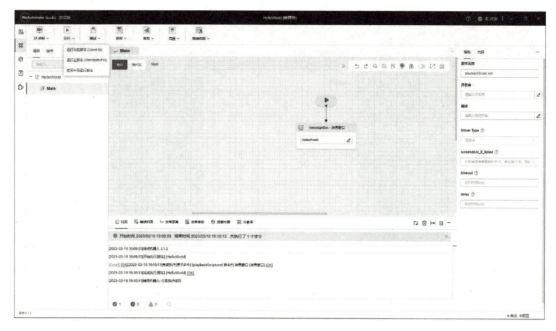

图 2-7 "消息窗口"编辑界面

若弹出窗口可以正常显示"HelloWorld",如图 2-8 所示,表明我们本次设计任务已经顺利完成。

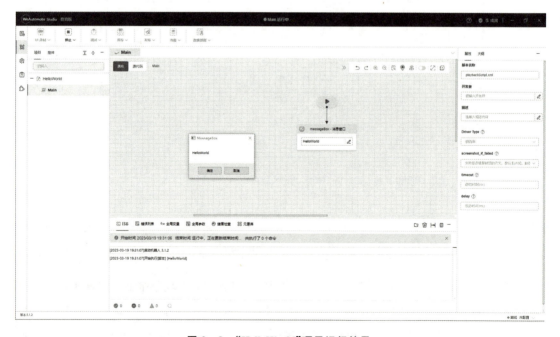

图 2-8 "HelloWorld"项目运行结果

2.5 实训任务:敏感词替换

2.5.1 任务描述

敏感词是指带有敏感政治倾向、暴力倾向、不健康色彩的或不文明的词语。大部分网站、论坛、社交软件都会使用敏感词过滤系统。在本项目中,我们将使用字符串处理方法中的 replace()方法模拟敏感词过滤,将语句中的敏感词替换为"*"符号。

2.5.2 知识要点

eval 控件:用于运行 python 表达式的控件,如图 2-9 所示。

图 2-9 eval 控件

2.5.3 任务实施

1. 流程设计

本任务的流程图如图 2-10 所示。

图 2-10 "敏感词替换"任务流程图

2. 操作过程

(1)打开华为 WeAutomate Studio,创建一个新的脚本,并将其命名为"敏感词替换",如图

2-11所示。

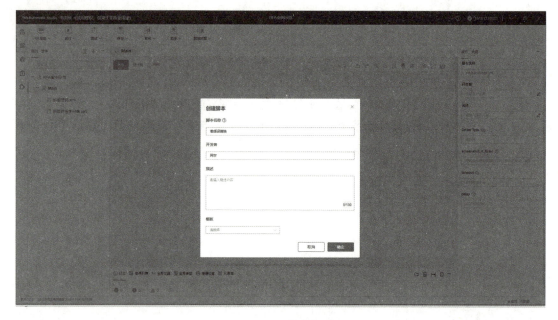

图 2-11　新建脚本

（2）创建一个名为"请输入一段话"的"inputDialog-输入对话框"控件，如图 2-12 所示。输入该对话框的内容将被默认保存在名为"inputDialogData"的变量中，其默认类型为字符串类型。

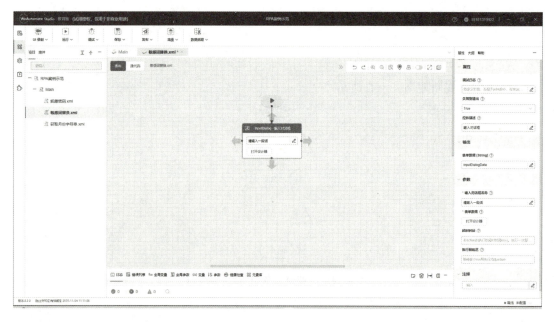

图 2-12　引入控件

(3) 继续创建一个 eval 控件,输入@{inptDialogData}.replace("你好","＊"),如图 2-13 所示。该表达式可将 inputDialogData 变量中的敏感词"你好"替换为"＊",并将替换后的字符串赋值给执行结果变量 test_sentence。

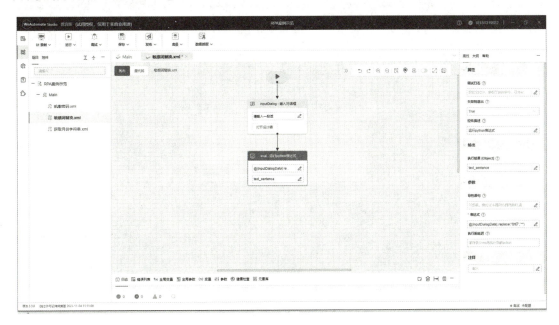

图 2-13　变量赋值

(4) 接着引入"messageBox -消息窗口"控件,用来输出变量 test_sentence 的值,如图 2-14 所示。

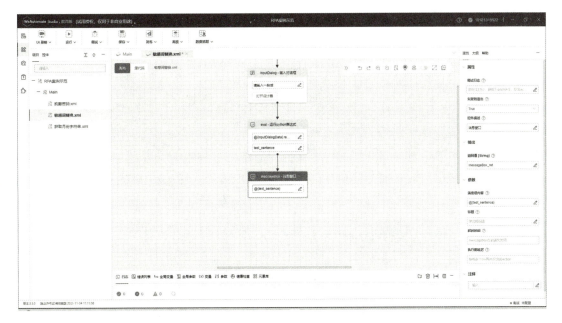

图 2-14　引入"messageBox -消息窗口"控件

(5)测试项目准确性。输入"你好,我是张三",如图 2-15 所示,输出为"＊,我是张三",如图 2-16 所示。

图 2-15　测试输入:你好,我是张三

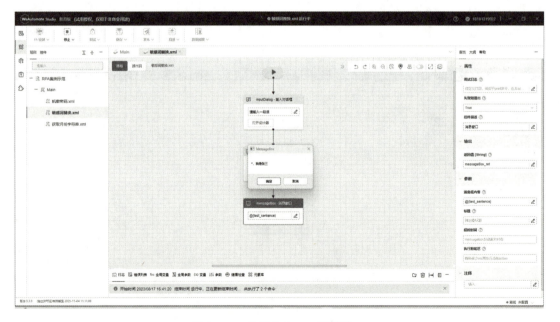

图 2-16　结果输出:＊,我是张三

(6)将设计结果保存到脚本,便于在以后的流程中使用该脚本来执行相同的操作。

2.6　项目小结

本项目中介绍了 WeAutomate 的安装和配置方法,包括两种使用场景:只安装 WeAutomate Studio 和只安装 WeAutomate Assistant。学习内容涵盖了理解 WeAutomate 的两种使用场景、熟悉 WeAutomate Studio 的界面和功能以及了解 WeAutomate Assistant 的安装和配置步骤。通过本项目,读者可以独立完成 WeAutomate Studio 和 WeAutomate Assistant 的安装配置,能够使用 WeAutomate Studio 创建自动化项目并进行基本的项目编辑和运行操作。

前沿资讯

《2024 年政府工作报告》对 RPA 支持典型应用的要求

"深入推进数字经济创新发展。制定支持数字经济高质量发展政策,积极推进数字产业化、产业数字化,促进数字技术和实体经济深度融合。深化大数据、人工智能等研发应用,开展"人工智能+"行动,打造具有国际竞争力的数字产业集群。实施制造业数字化转型行动,加快工业互联网规模化应用,推进服务业数字化,建设智慧城市、数字乡村。深入开展中小企业数字化赋能专项行动。"

——《2024 年政府工作报告》

数字经济的深入发展是 RPA 应用的重要背景,为 RPA 在不同行业中集成大数据、人工智能等技术,实现流程自动化提供了强大的支撑。

RPA 与数字经济的关系

数字经济强调的是将数字技术深度融入经济活动的各个方面,以提高效率、创造新的价值增长点。RPA 作为数字技术的重要组成部分,模拟人在计算机上完成各种重复操作,大大提高了工作效率,减少了人为错误,降低了成本。因此,RPA 是数字经济时代提升企业生产力、优化业务流程、加速数字化转型的关键技术之一。

RPA 技术与产业应用

RPA 技术在不同产业中的应用,推动了产业的智能化和自动化进程。例如,在制造业,RPA 可以用于自动化库存管理、生产调度;在金融服务领域,它能自动处理贷款审批、账户对账等业务;在零售业,它能完成订单管理和客户服务等。这些应用不仅提升了产业的运营效率,还促进了产业间的协同与创新,为各产业的数字经济升级提供了技术支持。

RPA 与数字经济创新发展的关系

数字经济的创新发展强调的是对新技术、新业态、新模式的探索与应用。RPA 与人工智能、大数据、云计算等技术的融合,催生了智能自动化、超级自动化等新概念,为数字经济带来了新的增长动力。例如,AI+RPA(即 IPA,intelligent process automation,智能流程自动化)能够处理更复杂的决策和学习任务,进一步拓宽了自动化应用的边界,推动了诸如智能客服、预测性维护、个性化服务等创新业务模式的发展。同时,RPA 的应用也促进了数据的流动和分析,为基于数据的决策提供了实时支持,加速了企业乃至整个经济的创新迭代速度。

RPA 与数字经济创新发展的相互推动作用

数字经济的快速发展为 RPA 技术与应用提供了广阔的市场空间和需求。企业为了在激烈的市场竞争中保持竞争优势,不断寻求通过数字化转型提升效率、降低成本、增强客户体验,这直接促进了 RPA 技术的研发投入与应用推广。同时,政策层面对于数字经济的支持,如推动产业数字化转型、优化营商环境、鼓励技术创新等,也为 RPA 的发展创造了良好的外部环境。

总之,RPA 不仅是数字经济的产物,也是推动数字经济创新发展的重要力量。它通过优化产业流程、提升效率、促进技术融合与业态创新,进而推动整个数字经济生态的繁荣发展。同时,数字经济的持续演进,又为 RPA 技术的革新和应用提供了更多可能性和动力,两者之间形成了相互促进、共同发展的良性循环。

课后练习

一、选择题

1. WeAutomate 提供的两种使用场景分别是什么?   (   )

    A. 直接安装 WeAutomate Studio 和 不安装 Studio,只安装 Robot

    B. 安装 WeAutomate Designer 和不安装 Studio,只安装 Robot

    C. 安装 WeAutomate Designer 和 Robot

    D. 不需要安装,直接使用 WeAutomate

2. WeAutomate Studio 适用于以下哪种场景?   (   )

    A. 专业开发者需要构建复杂的自动化流程

    B. 没有 IT 背景的业务用户需要使用 Office 软件

    C. 不需要设计自动化流程,只需要执行脚本的用户

    D. 不使用设计器,只使用机器人助手的用户

3. 机器人助手 Robot,也就是 RPA 执行器当前支持的操作系统,不能支持以下哪个操作系统?   (   )

    A. windows XP   B. 麒麟 V10 系统   C. 统信 UOS   D. windows 10 64 位

4. 正常安装 WeAutomate Studio 安装成功并打开后,设计器提供两种编排模式,分别是 Studio 模式和 StudioE 模式,其中 Studio 模式对应的使用人员主要是   (   )

A. 入门的业务人员,喜欢快速构建自动化流程

B. 专业开发者,喜欢自由构建、调试,喜欢快速构建自动化流程

C. 数据分析师,专注于数据分析与可视化构建

D. 运维工程师,倾向于基础设施自动化配置管理

5. 在 WeAutomate Studio 中,操作人员会用哪个方法来实现字符串中的语句替换工作?
（　　）

A. substitute()　　　B. replace()　　　C. replace　　　D. substitute

二、填空题

1. WeAutomate 提供了两种使用场景,分别是＿＿＿＿＿和＿＿＿＿＿。

2. 如果使用华为 WeAutomate 设计器,创建一个新的脚本,其扩展名是＿＿＿＿＿＿＿＿＿＿。

3. WeAutomate Assistant 的安装与配置应注意的是,需要先＿＿＿＿＿原来的版本,再安装当前版本。

4. 在 WeAutomate Studio 中,用户可以进行流程控制、人工智能相关操作以及对元素进行＿＿＿＿＿和＿＿＿＿＿的操作。

三、判断题

1. WeAutomate 提供的两种使用场景分别是直接安装 WeAutomate Studio 和安装 WeAutomate Designer 和 Robot。（　　）

2. WeAutomate Studio 适用于专业开发者构建复杂的自动化流程。（　　）

3. WeAutomate Assistant 的安装与配置需要先卸载先前版本(若有)再安装最新版本。
（　　）

4. 在 WeAutomate Studio 中,用户可以进行日志调试、变量设置和脚本健康检查的操作。
（　　）

5. 在创建一个自动化项目时,可以设置项目的支持操作系统类型。（　　）

四、简答题

1. WeAutomate 提供的两种使用场景分别是什么?请简要说明每种使用场景的特点。

2. WeAutomate Studio 的安装与配置步骤是什么？请列出主要步骤。

3. WeAutomate Assistant 的安装与配置步骤是什么？请列出主要步骤。

4. 在 WeAutomate Studio 中，用户可以进行哪些操作？请列举一些主要的功能和特点。

5. 在 WeAutomate Studio 中创建一个自动化项目的步骤是什么？请简要说明创建一个自动化项目的流程。

项目 3　Web 与 App 信息的协同采集

华为 WeAutomate Studio 主要支持两种开发方式，UI 录制和手动编排。它提供了强大的录制功能，能够让用户方便快捷地录制自己的操作过程，再经过简单的调整即可形成可运行的脚本，代替用户完成重复枯燥的劳动。在本项目中主要学习使用 WeAutomate Studio 为 Web 程序及 App 应用程序录制自动化运行脚本的相关操作。

知识目标

1. 了解 UI 录制的概念和原理。
2. 掌握 UI 录制器的界面元素和基本操作。
3. 了解 UI 录制的三种录制方式，能根据实际需求选择合适的方式。
4. 掌握 UI 录制的基本步骤，能够完成简单流程的录制编排。
5. 了解 UI 录制在特定场景下的操作，如鼠标操作、键盘输入、快捷键录制等。
6. 理解录制过程中创建和引用变量的概念和用法。

能力目标

1. 能够使用 UI 录制器录制 Web 程序和 App 应用程序的操作步骤。
2. 能够根据录制方式选择合适的录制模式，并进行录制。
3. 能够对已录制的步骤进行删除、修改和调整顺序。
4. 能够录制复杂流程，包括鼠标操作、键盘输入、快捷键录制等。
5. 能够创建和引用变量，实现录制脚本的灵活性和复用性。

素质目标

1. 培养问题解决能力：能够通过 UI 录制和自动化脚本编排，完成重复性、机械性的任务，提高工作效率。
2. 培养团队协作能力：通过共同学习 UI 录制器的使用，能够更好地与团队成员协作，共同完成自动化任务。
3. 培养创新思维：通过完成录制过程中的删除、修改和调整等操作，培养创新思维，提高录制脚本的质量和效率。

3.1 了解 UI 录制方案

华为 WeAutomate 支持对 Web 程序、App 应用程序、Java 应用程序等进行一键录制,上述三种录制功能统称为 UI 录制。WeAutomate 提供了三种 UI 录制方案供用户选择,如图 3-1 所示。

图 3-1 三种 UI 录制方案

第一种,也是默认的录制方式,"录制并生成功能块",是在当前脚本基础上新增录制的功能块,用于对原有脚本做一些补充开发,需要连线才能保存与运行;第二种是"清空并录制",是用录制的新内容替换掉当前脚本的内容,需要注意的是,选用这种方案会清空当前画布内容,需要慎重使用;第三种,"新建子脚本并录制",是指将脚本录制到新建的子脚本中,用于开发独立的新功能或录制新的脚本来辅助当前开发,用该种方式录制的子脚本,可以手动单独运行,如果要在主脚本中运行,需要在主脚本中通过"Subprocess-调用子脚本(共享上下文)"控件调用。UI 录制的三种模式具体如表 3-1 所示,用户可以根据自己的需求选择合适的录制模式。

表 3-1 UI 录制的三种模式

录制模式	介绍	使用场景	注意事项
录制并生成功能块	在当前脚本基础上新增录制的功能块	对原脚本做一些补充开发	需要连线才能保存与运行
清空并录制	清空当前脚本	录制新内容替换掉脚本内容	当前画布内容会被清空
新建子脚本并录制	将脚本录制到新建的子脚本	开发独立的新功能或录制新的脚本来辅助当前开发	可手动单独运行,需要主脚本调用

3.2 认识 UI 录制器

当用户选择并点击图 3-1 中的三种录制方案之一后,会弹出如图 3-2 所示的 UI 录制器界面。

图 3-2 UI 录制器界面

UI 录制器分为操作区和显示区两部分。操作区包括:①"开始/暂停录制"、②"保存并退出"、③"重新录制"、④"启动浏览器"、⑤"新建子脚本"、⑥"创建变量"六个按钮,显示区用于显示已经录制的步骤。

点击①"开始/暂停录制"按钮,可以开始或者暂停录制,⦿ 图标表示当前处于停止/暂停状态,单击一次即可进入录制状态,图标变为 ⏸ ,再次单击即可暂停录制。

点击②"保存并退出"按钮,无论当前是录制状态还是暂停状态,都会将当前录制的步骤保存并退出 UI 录制器界面。步骤的保存方式由进入 UI 录制器界面前选择的录制方式决定,可以保存在功能块(选择"录制并生成功能块"方式)、当前画布(选择"清空并录制"方式)、新建子脚本(选择"新建子脚本并录制"方式)中。

点击③"重新录制"按钮,将会清空当前已录制的所有步骤,并重新开始录制。无论此前 UI 录制器是暂停状态还是录制状态,点击该按钮后都会清空已录制所有步骤后直接进入录制状态。

点击④"启动浏览器"按钮,可以根据需要输入目标网页地址,按回车或点击 ➡ 按钮后,UI 录制器将用选定的浏览器打开指定的网页,并将该步骤记录到显示区中。

点击⑤"新建子脚本"按钮,将调出新建子脚本界面,后续录制的步骤将存储在该新建的子脚本中,并在主脚本中调用该子脚本。

点击⑥"创建变量"按钮,将弹出"创建变量"界面,可以创建全局参数或局部变量。

录制的所有鼠标操作、键盘操作等步骤均可呈现在显示区。

3.3 UI 录制的步骤

3.3.1 UI 录制的基本步骤

(1)打开 WeAutomate Studio,如图 3-3 和图 3-4 所示,点击①UI 录制图标,直接以"录制并生成功能模块"方式打开 UI 录制器,或者点击②"UI 录制"文字,下拉出③录制方案选项,选择并点击需要的录制方式,按照选择的录制方式打开 UI 录制器。

(2)在录制器界面,点击④"开始录制"按钮。

(3)开始操作并录制,WeAutomate Studio 会自动记录操作步骤,并展示在显示区。

(4)点击④"暂停录制"按钮,停止录制。

(5)在显示区删除多余的误操作,点击⑤"保存并退出"按钮,即可完成操作步骤的录制。

图 3-3 选择录制方式后打开 UI 录制器按钮　　图 3-4 开始/暂停录制和保存并退出按钮

需要注意的是,如果需要录制网页操作,但网页未打开,可先点击 按钮,选择浏览器类型(Chrome/Edge),再输入网页地址并按回车键,WeAutomate Studio 将会自动打开用户输入的网址,然后点击"开始录制"按钮进行录制即可。

3.3.2 已录制步骤的删除或修改

UI 录制器支持在录制过程中暂停录制,并对已录制的步骤进行删除或修改。用户可选择在录制过程中、录制结束后或在脚本中对不必要的录制动作,如鼠标的来回拖动、错误的点击等进行修正。

以图3-5所示录制记录为例,共录制了利用百度查询并获取学校地址的5个步骤,其中步骤②为误点击任务栏,步骤③为误按键盘 Backspace 键,这两个步骤可以在录制暂停后,点击后面的 🗑 按钮进行删除处理。步骤④是在百度搜索框中输入"无锡城市职业技术学院地址",此处的搜索内容可以根据需要直接在显示区中修改,不必重新录制。步骤⑤是在搜索结果中提取学校地址,并存储在变量 getText_ret1680403850948 中,这个变量名是自动生成的,后面的数字是录制时的协调世界时(universal time coordinated,UTC)时间戳,以毫秒(ms)为单位。在实际应用中,一般会修改该变量名为 getText_addr 等能指明变量含义的变量名,在显示区中即可完成变量名的修改。

关于已录制步骤的删除修改还有两点需要注意。

(1)在进行删除或修改等操作前,必须暂停录制,否则删除、修改的操作动作也会被录入到步骤中。

(2)UI 录制只能用于录制顺序执行的自动化程序,涉及条件判断或循环等逻辑判断语句的流程,则需要手动编排实现。

图3-5 录制获取学校地址的步骤

3.4 UI 录制特定场景下的操作

在使用 UI 录制器进行操作录制时,有以下几个场景需要详细说明。

3.4.1 录制鼠标操作

开始录制后,鼠标悬停在需要录制的地方,WeAutomate Studio 会自动识别鼠标悬停的控件并高亮显示,如图 3-6 所示,图中鼠标悬停在"教学单位"上时,WeAutomate Studio 会用蓝色高亮显示区域呈现已识别的控件元素。移动鼠标至图中的示意箭头 ↓,可以看到如图 3-7 所示的"选择操作"列表菜单。点击 图标可选择后续录制过程中,是否固定显示该列表菜单。

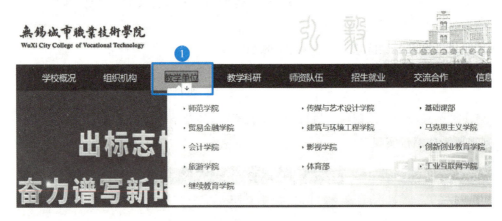

图 3-6 自动高亮鼠标悬停的控件

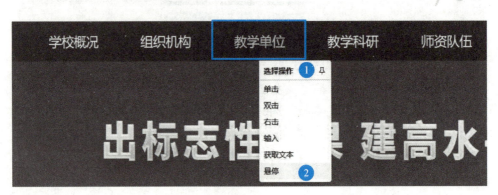

图 3-7 "选择操作"列表菜单

"选择操作"列表菜单上有"单击""双击""右击""输入""获取文本"和"悬停"等选项。"单击""右击"操作步骤既可以通过该菜单添加,也可以直接单击鼠标左键或右键实现,二者效果是相同的。但是"双击"操作只能通过该菜单来添加,鼠标的双击会被 UI 录制器识别成两次单击。"输入"操作用于向选中的控件输入文本。"悬停"菜单用于向需要鼠标悬停才展示下级菜单的控件发送鼠标悬停消息,防止鼠标在移动到下级菜单之前下级菜单消失,在多级菜单录制时非常有用。以上操作适用于 Web 录制和 App 应用内录制。

3.4.2 录制键盘输入动作

录制输入动作时,WeAutomate Studio 会自动弹出输入框,或者使用图 3-7 所示"选择操作"列表中的"输入"菜单手动调出输入框。在输入框中输入需要的字符串后,点击"确定"按钮,WeAutomate Studio 将会把用户输入的字符串真正地输入到选中的控件中。如果选中图中的"清空"复选框,WeAutomate Studio 会先将选中的控件中的内容先清空,再输入用户输入的字符串,否则 WeAutomate Studio 将直接把用户输入的字符串追加到输入框中。该功能在录制 Web 应用和 App 应用程序时均可以使用,分别如图 3-8 和图 3-9 所示。

图 3-8 在 Web 网页中输入

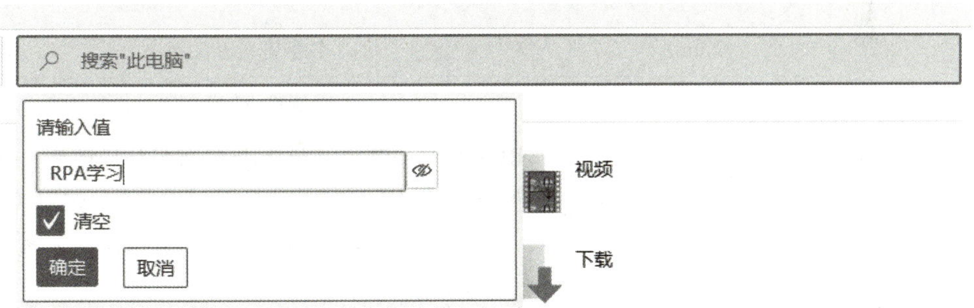

图 3-9 在 App 应用程序中输入

3.4.3 录制快捷键

如果用户在录制过程中使用了快捷键,UI 录制器会自动录制该快捷键,包括单键快捷键和组合快捷键,支持自动录制的快捷键如表 3-2 所示。

表 3-2　UI 录制器支持自动录制的快捷键

快捷键类型	快捷键标识	说明
单键快捷键	{Enter}	回车键
	{Back}	退格键
	{Tab}	制表键
	{CAPITAL}	大小写锁定键
	{LWin}	左 Win 键
	{Apps}	菜单键
	{Space}	空格键
	{ESCAPE}	退出键
	{Snapshot}	屏幕快照键
	{Scroll}	滚动锁定键
	{Pause}	暂停键
	{Insert}	插入键
	{Home}	Home 键，第一页
	{Pageup}	上一页
	{Pagedown}	下一页
	{End}	End 键，最后一页
	{Del}	删除键
	{Num}	数字键盘开关键
	{F1～F12}	功能键 F1 至 F12
二键组合键	{CTRL}key2	CTRL 键加另一键 key2 组合，key2 可以是任意键，如果 key2 是功能键需要加{}
	{LWin}key2	Win 键加另一键 key2 组合，key2 可以是任意键，如果 key2 是功能键需要加{}
	{Alt}key2	Alt 键加另一键 key2 组合，key2 可以是任意键，如果 key2 是功能键需要加{}
三键组合键	{CTRL}{Alt}key3	CTRL 键、Alt 键加另一键 key3 组合，key3 可以是任意键，如果 key3 是功能键需要加{}

这里需要注意的是，快捷键录制完成后，无法在录制器中直接修改。如需修改，需要在录制器中将要修改的快捷键删除，然后重新录制，或者在画布中对应快捷键的控件位置对控件的内

容进行修改,各个快捷键的标识见表3-2。

3.4.4 录制过程中新建子脚本

无论选择何种录制方案,均可在录制过程中新建子脚本,将后续录制步骤存储在该子脚本中,并在当前脚本通过callscript控件自动调用新建的子脚本。

如图3-10所示,在录制过程中,点击 图标弹出"新建子脚本"窗口,其中"脚本名称"为必填项,支持中文脚本名称,"描述"为可选项。点击"确定"按钮完成子脚本创建。

子脚本创建完成后,双击子脚本可以修改脚本名称和描述,但入口脚本不允许修改,如图3-11所示。后续的操作步骤将被录入到新建的子脚本中,可以通过点击脚本右侧的

图3-10 录制过程中新建脚本

和 图标展开或收起该脚本下的操作步骤,方便在步骤较多的情况下找到指定脚本中的某些脚本。在录制过程中,可以通过鼠标拖曳,调整同一个脚本中录制步骤的顺序,也可以跨脚本调整位置。

图3-11 完成子脚本创建继续录制

3.4.5 录制过程中创建和引用变量

在录制过程中,支持创建和引用变量,这使得录制的脚本使用起来更加方便和灵活。如图3-12所示,点击脚本名称右侧的创建变量按钮,可以定义字符串、数字、加密等类型的变量,其中加密类型的变量只能被定义为全局参数。

在录制过程中创建的变量有全局参数和局部变量两种类型,在主画布脚本中只能创建全局参数,不能创建局部变量,如图3-12左图所示。在除主画布脚本以外的其他脚本中两种类型的变量都可以创建,如图3-12右图所示。

录制步骤中需要输入时,可以引用在录制器或者在Studio中已经定义好的变量,通过"@{变量名}"的方式进行引用,如图3-13所示。在录制脚本中引用变量,可以灵活地改变脚本中相关的参数,用户可以录制一次脚本,然后通过修改引用变量的值,重复使用所录制脚本执行流程相同但数据不同的工作。

图3-12 在主画布脚本和子脚本创建变量

项目3 Web与App信息的协同采集

图 3-13 在录制流程中引用已定义的变量

3.5 实训任务:Web 与 App 信息的协同采集

3.5.1 录制 Web 网页

利用 WeAutomate Studio 的 UI 录制功能,录制以下脚本。
(1)用 Chrome 浏览器打开百度主页,如图 3-14 所示。

图 3-14 步骤 1:打开浏览器

(2)在百度搜索框中输入"无锡城市职业技术学院",如图 3-15 所示,点击"百度一下"开始搜索。

图 3-15 步骤 2：输入搜索关键字

(3) 在搜索结果中找到"无锡城市职业技术学院"官方网站，并点击进入，如图 3-16 所示。

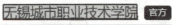

图 3-16 步骤 3：点击进入目标网站

(4) 在"无锡城市职业技术学院"网站中，点击"教学单位"菜单下的"工业互联网学院"，进入无锡城市职业技术学院工业互联网学院网站，如图 3-17 所示。

图 3-17 步骤 4：进入二级学院网站

(5) 在工业互联网学院网站中，点击"学院概况"菜单下的"学院介绍"，进入学院介绍页面，获取学院介绍的第一段内容，存储到变量 getText_Introduction 中，如图 3-18 所示。

项目3 Web与App信息的协同采集

图 3-18 步骤5:获取文本

(6)回到主画布,添加"messageBox-消息窗口"控件,将变量 getText_Introduction 中的内容用"MessageBox"窗口显示出来,如图 3-19 所示。

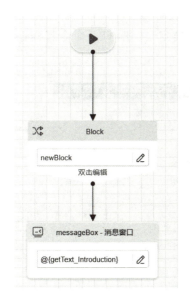
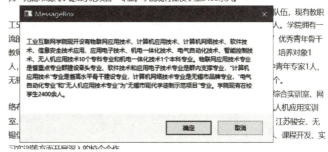

图 3-19 功能块连线及运行结果

3.5.2 录制 App 应用程序

利用 WeAutomate Studio 的 UI 录制功能,录制以下脚本。

(1)按 Win+R 组合键,调出 Windows"运行"窗口,如图 3-20 所示。

图 3-20 步骤 1:录制快捷键

(2)在 Windows"运行"窗口输入框中输入"cmd",点击"确定"按钮,打开命令行程序,如图 3-21 所示。

图 3-21 步骤 2:在 App 应用程序输入框中输入

(3)在命令行程序中输入"ping www.baidu.com",按回车键,查看百度服务器的 IP 地址和网络状况,如图 3-22 所示。

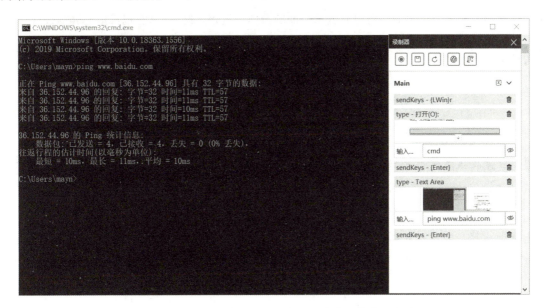

图 3-22 步骤 3:在命令行程序中输入命令及命令运行结果

3.6 项目小结

华为 WeAutomate Studio 提供了强大的 UI 录制功能,支持 Web 程序、App 应用程序、Java 应用程序的一键统一录制。有三种录制方案可供选择,分别是录制并生成功能块、清空并录制和新建子脚本并录制。每种录制方式有不同的使用场景和注意事项。

UI 录制器是 UI 录制的操作界面,分为操作区和显示区两部分。操作区包括开始/暂停录制、保存并退出、重新录制、启动浏览器、新建子脚本和创建变量等按钮。显示区用于展示录制的步骤。用户可以点击按钮进行录制、暂停、保存等操作。

UI 录制的基本步骤包括:打开 WeAutomate Studio、选择录制方式并打开 UI 录制器、开始录制、进行操作并录制步骤、暂停录制并进行定制、删除或修改不必要的录制步骤、保存并退出录制器。

在录制过程中,用户可以删除或修改已录制的步骤,拖曳步骤改变顺序。录制器支持鼠标操作录制、键盘输入动作录制和快捷键录制。用户可以在录制的过程中创建子脚本和变量,实现更加灵活的脚本设计。

在本项目的实训案例中,通过 UI 录制器分别录制了 Web 网页和 App 应用程序的操作流程。对于 Web 网页,录制了打开百度主页、搜索关键字、点击进入目标网站、进入二级学院网站、获取学院介绍文本并弹框显示等步骤。对于 App 应用程序,录制了打开命令行程序、输入命令并查看运行结果等步骤。

总之,华为 WeAutomate Studio 的 UI 录制功能提供了便捷的录制方式,使用户可以快速录制操作流程并生成自动化脚本。用户通过录制器的操作和流程定制,可以实现灵活的脚本设计。

前沿资讯

《2024 年政府工作报告》对 RPA 促进高质量教育体系建设的要求

"(二)深入实施科教兴国战略,强化高质量发展的基础支撑。坚持教育强国、科技强国、人才强国建设一体统筹推进,创新链产业链资金链人才链一体部署实施,深化教育科技人才综合改革,为现代化建设提供强大动力。

加强高质量教育体系建设。全面贯彻党的教育方针,坚持把高质量发展作为各级各类教育的生命线。制定实施教育强国建设规划纲要。落实立德树人根本任务,推进大中小学思想政治教育一体化建设。开展基础教育扩优提质行动,加快义务教育优质均衡发展和城乡一体化,改善农村寄宿制学校办学条件,持续深化"双减",推动学前教育普惠发展,加强县域普通高中建设。"

——《2024 年政府工作报告》

《报告》强调"加强高质量教育体系建设",意味着教育领域也可能成为 RPA 应用的潜在场景,提高行政效率,释放教师资源以专注于教学。RPA 促进高质量教育体系建设可以体现在以下几个方面。

(1)提高教育管理效率。RPA 可以自动化处理教育机构内部的行政与管理流程,如学生信息管理、学籍注册、成绩录入、财务报销、课程安排等,减轻教职员工的行政负担,使他们能够专注于教学与学生辅导,提高整体教育质量。

(2)学生事务自动化。RPA 机器人可以帮助快速处理学生申请的审核、奖学金发放、学分统计、选课与退课等事务,提高响应速度和准确性,同时减少学生等待时间,提升学生满意度。

(3)教育资源优化配置。通过自动化分析和预测学生需求、教室使用情况、教师资源分配等数据,RPA 能帮助教育管理者更合理地配置资源,减少浪费,提升教育设施和人力资源的使用效率。

(4)数据分析与决策支持。RPA 结合大数据分析,能帮助教育机构进行学习成效评估、学生表现分析、课程效果追踪等,为教育决策提供数据支持,使教育策略更加科学、精准,符合学生个性化需求。

(5)防范教育数据安全风险。自动化处理敏感数据如学生成绩、个人信息,减少了人工操作带来的泄露风险,确保数据安全,维护教育机构信誉。

(6)个性化学习支持。结合 AI 技术,RPA 能帮助设计个性化的学习路径、智能推荐学习材料,甚至参与在线辅导,增强学生的学习体验,推动因材施教。

(7)教师发展与培训。RPA能够协助教师培训的组织、安排、记录与跟进,确保教师专业成长,同时也可为教师提供自动化备课、教学资源整理等支持,提高教学质量。

RPA技术通过自动化处理教育领域的重复性工作,不仅可以显著提高教育机构的行政效率,还促进了教育资源的优化配置与个性化学习的实现,为构建高质量的教育体系提供了强有力的技术支撑。高质量教育体系强调的不仅是教学内容的先进性,还包括教育管理的高效性和对学生个体的关怀,RPA的引入恰逢其时地满足了这些需求。

课后练习

一、选择题

1. 在WeAutomate Studio中,UI录制提供了几种录制方案? （ ）
   A. 1种　　　　　　B. 2种　　　　　　C. 3种　　　　　　D. 4种

2. UI录制器分为哪两部分? （ ）
   A. 操作区和显示区　　　　　　　B. 录制区和编辑区
   C. 调试区和输出区　　　　　　　D. 设置区和参数区

3. 在UI录制过程中,可以删除和修改已录制的步骤吗? （ ）
   A. 可以删除和修改　　　　　　　B. 只能删除,不能修改
   C. 只能修改,不能删除　　　　　　D. 不能删除和修改

4. 下列选项中,哪个不是华为WeAutomate UI录制中的基本模式? （ ）
   A. 录制并生成功能块　　　　　　B. 清空并录制
   C. 继续前面的录制　　　　　　　D. 新建子脚本并录制

5. 在UI录制过程中,可以创建和引用变量吗? （ ）
   A. 可以创建和引用全局参数和局部变量　　B. 只能创建和引用全局参数
   C. 只能创建和引用局部变量　　　　　　　D. 不能创建和引用变量

二、填空题

1. UI录制器分为操作区和_____两部分。
2. UI录制器支持录制_____的自动化程序。
3. 在UI录制中,快捷键的录制分为单键快捷键和_____快捷键。
4. 在录制过程中,可以创建全局参数和_____两种类型的变量。
5. 子脚本可以通过使用_____控件在主脚本中调用。

三、判断题

1. UI录制器只能录制Web程序,不能录制App应用程序。 （ ）
2. UI录制过程中创建的子脚本只能手动单独运行,不能在主脚本中自动调用。 （ ）

3. UI 录制支持录制鼠标操作和键盘输入动作,不支持录制快捷键操作。   (   )

4. 在 UI 录制过程中,可以在录制器中直接修改已录制的快捷键操作步骤。   (   )

5. 在 UI 录制过程中,可以在录制器中直接修改已录制的变量名。   (   )

四、简答题

1. 请简要介绍 UI 录制器的基本界面和操作区功能。

2. 简述 UI 录制过程中删除和修改已录制步骤的操作方法。

3. 请解释录制过程中创建和引用变量的作用,并举例说明在实际使用场景中的应用。

4. 请说明 UI 录制器中子脚本的创建和使用方法。

5. 请简要说明 UI 录制过程中快捷键的录制方法,并举例。

项目 4　判断水仙花数——变量定义

在华为 WeAutomate 中,变量、参数、数据类型以及变量赋值与引用是判断水仙花数的关键概念。

首先,变量可以用来存储、操作和传递数据。在判断水仙花数的过程中,可以创建一个 number 变量来表示待判断的数值,并给它赋特定的值,通过使用变量,可以在 WeAutomate Studio 中灵活地处理和操作数值。

其次,认识常见数据类型对于判断水仙花数也非常重要。在这个问题中,需要用到数值类型(Number)和字符串类型(String)。number 变量应该是一个整数,因为需要对它进行数值运算。而字符串类型可以用于将数值转换成字符,以便逐位获取数值的每一位。可以通过改变数据类型从而引用适当的方式来处理数据,并参与判断过程。

最后,变量的赋值与引用在判断水仙花数项目中起着关键的作用。通过使用赋值操作符(=),将一个特定的值赋给变量 number,该值即是我们要判断的数。再通过引用该变量来进行数值运算、比较和输出结果。在判断过程中,会用到变量的值,以及引用变量来执行相应的操作。

知识目标

1. 理解变量与参数的概念,并能够在华为 WeAutomate 中正确声明和使用变量与参数。

2. 掌握常见数据类型的特点和用途,并能够在脚本设计过程中正确选择和应用适当的数据类型。

3. 熟悉变量赋值与引用的机制,能够在脚本中正确赋值和引用变量。

4. 理解水仙花数的定义和判断方法,并能够运用所学概念和技术,设计脚本来判断水仙花数。

能力目标

1. 培养细致谨慎的数值处理能力,能够将数值按位分解、运算和比较。

2. 提升逻辑思维和问题解决能力,能够利用变量和条件语句等工具,实现判断水仙花数机器人的设计。

3.在实践中提高对华为 WeAutomate 的熟悉程度,能够灵活运用各种功能和控件来完成高效的设计。

素质目标

1.培养自主学习能力,能够通过理解和应用新的概念和技术来解决实际问题。

2.培养观察力和注意力,能够仔细处理数值并运用正确的方法来判断水仙花数。

3.培养团队合作和沟通能力,在与他人合作的过程中互相学习和支持,共同完成任务。

4.1 认识变量与参数

在工程发布后,参数和变量有不同的作用和行为。

参数是在流程运行时传递给流程的输入信息,例如用户名、密码等。参数可以在流程运行前进行配置,以便在流程执行过程中使用。参数对于流程的外部是可见、可配置的,因为它们用于接收外部输入的值,并在流程中进行处理。

变量则是在流程运行时流程内部使用的数据。变量在流程外部是不可见的,无法直接访问或配置。变量可以是各种常见的数据类型,如整数、字符串、列表等,也可以是一些自定义的数据类型。根据具体的需求和应用场景,变量可以用于保存和处理中间结果、状态信息等。

参数用于在流程执行过程中接收外部输入的数据,而变量用于在流程内部进行数据的处理和存储。参数对于流程外部是可见、可配置的,而变量对于流程外部是不可见的。

全局变量是可以在项目的各个部分被访问和使用的变量。它们通常用于在不同的组件之间共享数据。

为了养成良好的编辑设计习惯,我们应该遵循一些命名原则来命名变量和参数。变量名应简单、易懂、自解释,并且长度适中。应避免使用过于复杂或生僻的单词,以提高代码的可读性和可维护性。

在 WeAutomate Studio 中,可以通过全局变量面板来管理变量。该面板位于画布下方,可以方便地查看和编辑变量的值和属性,如图 4-1 所示。

图 4-1 全局变量面板

4.2 了解常见数据类型

4.2.1 数据类型

在 WeAutomate 中,有三种主要类型的变量与参数:基本类型、文件型和密码类。

基本类型包括数字型和字符串型。数字型变量可以是整型或浮点型,用于存储数值数据。字符串型变量用于存储文本数据。

文件型变量主要用于在运行脚本时传递文件。在设计过程中,我们可以将文件传递给变量,以便在脚本中进行处理和使用。

密码类参数主要应用于密码框,密码框只允许使用密码类变量。这样可以确保密码的安全性,避免明文显示。

在流程工程中,常见的全局参数和变量可以分为以下 9 种类型:

(1)布尔型(Boolean):表示真(True)或假(False)的逻辑值。

(2)数值类型(Number):表示一个数,可以是整数,也可以是浮点数如 199、19.9,均可被正常赋值。

(3)字符串类型(String):表示字符组成的文本,通常用于存储用户名、邮箱等信息。

(4)对象类型(Object):可以是任何非原始类型的数据,比如变量、函数、类实例等。

(5)列表类型(Array):由多个元素组成的有序集合,元素可以是任意类型。

(6)附件类型(Attachment):一般用于存储文件作为变量。在运行脚本时,可以在管理中心或执行器助手中传递文件。

(7)密码类型(Sensitive):用于传递密码,通常只能应用于密码框。

(8)凭证类型(Credential):用于传递用户名和密码的组合,需要成对使用,进行安全处理,并只能应用于凭证框。

(9)附件集合(Attachment List):专门用于处理文件附件的集合类型,目的是为了方便用户在自动化流程中管理和操作多个文件,特别是在执行需要上传、下载、附件处理等与文件交互的任务时。

4.2.2 变量与参数之间的转换

在流程工程中,全局变量可以全部转换为全局参数,也就是说,可以将全局变量升级为全局参数,以便在流程执行过程中接收外部输入的值。

然而,只有部分的全局参数可以转换为全局变量。例如,密码型(Sensitive)和凭证型(Credential)的全局参数不能直接转换为全局变量。这是由于密码型和凭证型的数据具有敏感性,通常用于保护密码等重要信息,限制了它们的用途。

相反,其他类型的全局参数,如整数型、浮点型、字符串型等,可以转换为全局变量。将全局参数转换为全局变量可以让它们在流程内部使用,保存中间结果、状态信息等。

需要注意的是,转换为全局变量后,变量将不再接收外部输入值,因此在进行转换时需要确保不会影响流程的功能和数据处理。

4.3 变量赋值与引用

在流程工程中,变量的赋值可以通过以下几种方法进行。

(1)"assign -变量赋值"控件:用于定义大多数常用的变量类型。主要适用于基础性变量,如整数、浮点数和字符串等。同时,也可以用于定义字符串列表、字典等,但不能用于定义密码型的变量。

(2)"eval -运行 python 表达式"控件:用于执行表达式或计算操作,并将结果赋值给变量。该控件常用于拼接字符串、进行数据计算等操作。

(3)其他功能性控件的返回值:一些功能性控件(如"getText -获取文本"控件"getTable -获取表格"控件等)会返回结果,这些结果可以赋值给变量保存。例如,getText 控件的返回值默认保存在变量 control_text 中。

在变量和参数的引用方面,可以使用@{变量名}的方式引用它们。在编辑器中输入"{ }"后,系统会自动联想并显示所有可用的变量和参数。可以直接选择并使用它们。

需要注意的是,在引用列表和列表元素时有所区别。

引用整个列表:使用@{列表名}的格式,将列表名放在大括号内。

引用列表元素:需要在大括号内指定列表元素的索引,如@{list_name[0]}表示引用列表中的第一个元素。

通过变量的赋值和引用,可以在流程中灵活地处理数据,并将结果存储在变量中,以供后续使用。

结合之前定义的变量 stuName,我们可以定义一个 Array 类型的列表对象 stuList。可以通过双击 stuList 的默认值字段进行详细输入。最后一栏的"描述"是一个选择性选项,可以选择填写或不填写。

请参考图 4-2 配置 stuList 列表对象,配置参数如下。

变量名:stuList

类型:Array

默认值:["小明","小红","小亮"]

描述:(选择性选项,可不填)

通过以上配置，我们成功定义了一个 Array 类型的列表对象 stuList。可以在控件的输入框中输入列表的元素值，并在后续流程中使用 stuList 来处理相关数据。

图 4 – 2　定义列表对象 stuList

首先，添加一个"assign –变量赋值"控件，将变量名设置为"assign_ret"，并将其赋值为 3。如图 4 – 3 所示。

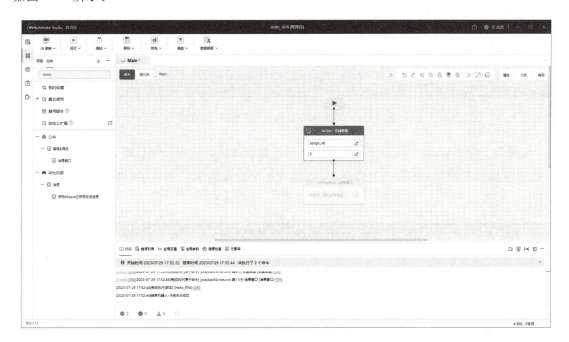

图 4 – 3　添加"assign –变量赋值"控件

接下来，在适当的位置添加一个"messageBox –消息窗口"控件，用于展示对变量 stuName、assign_ret 和 stuList 的引用。如图 4 – 4 所示，在"messageBox –消息窗口"控件中，添加以下代码：

大家好，我的名字是@{stuName}，我们小组一共有@{assign_ret}位同学，除了我，还有@{stuList[1]}和@{stuList[2]}。

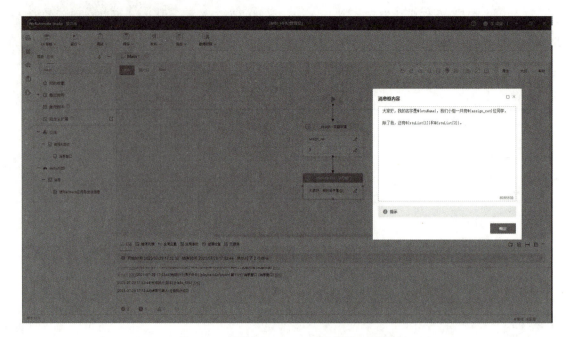

图 4-4 添加"messageBox-消息窗口"控件

经过以上配置后,我们可以点击界面上的运行按钮来执行流程。当流程运行时,"message-Box-消息窗口"控件将显示一个消息,其中包含了对变量的引用和拼接后的结果,如图 4-5 所示。

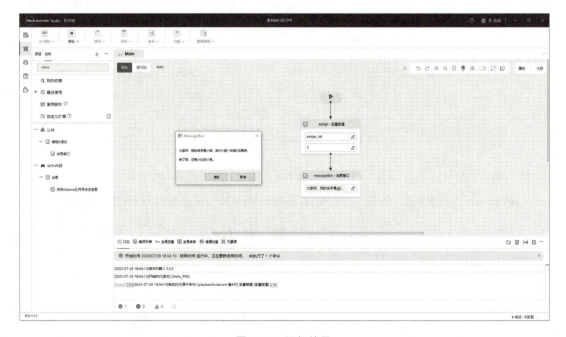

图 4-5 运行结果

4.4 实训任务:判断水仙花数

4.4.1 任务情境

水仙花数是一个 3 位数,它的每位数字的 3 次幂之和等于它本身,例如 $1^3+5^3+3^3=153$,153 就是一个水仙花数。

本任务要求设计项目,实现判断用户输入的 3 位数是否为水仙花数的功能。

4.4.2 任务分析

判断一个三位数是否是水仙花数,可以将这个三位数进行拆分,依次获取百位上的数字、十位上的数字、个位上的数字,然后根据水仙花数的特点判断输入的三位数是否为水仙花数。

例如,一个三位数 abc,使用(abc//100%10)方式获取百位上的数字 a;使用(abc//10%10)方式获取十位上的数字 b;使用(abc%10)获取个位上的数字 c,然后计算 $a^3+b^3+c^3$ 的值与 abc 的值是否相等,如果相等则 abc 是水仙花数,如果不相等则 abc 不是水仙花数。

4.4.3 任务实施

根据任务情境和任务描述,RPA 流程如图 4-6 所示。

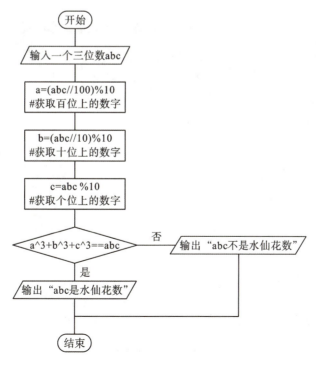

图 4-6 RPA 流程

根据 RPA 流程图,分析业务流程步骤,如表 4-1 所示。

表 4-1 业务流程步骤

序号	步骤	活动	注意事项
1	创建"判断水仙花数"脚本	新建 xml 文件	—
2	创建"inputDiglog-输入对话框"控件	赋值 inputDialogData	结果为 String 类型
3	创建"eval-运行 python 表达式"控件	inputDialogData 转换为 int 类型	—
4	创建"eval-运行 python 表达式"控件	分别计算百位、十位、个位上的数	—
5	引入"if-条件分支"控件	形成条件判断	—
6	完善条件分支	根据条件成立与否形成两条分支	创建连线时,需要进行条件成立与否的选定
7	结果验证	分别输入 153、222 进行测试	必须输入数字
8	结果保存	保存并导出脚本	—

(1)打开华为 WeAutomte Studio,创建一个新的脚本,并将其命名为"判断水仙花数"。如图 4-7 所示。

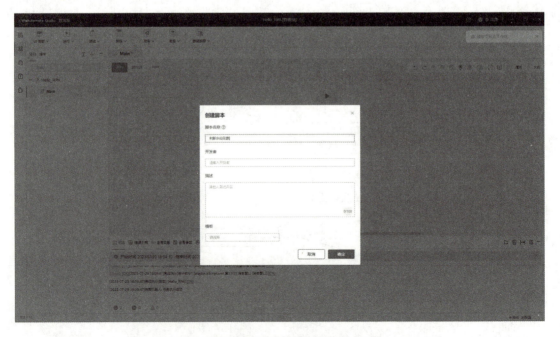

图 4-7 新建脚本"判断水仙花数.xml"

项目4　判断水仙花数——变量定义

(2)创建一个"inputDialog-输入对话框"控件,输入的内容将被默认保存在名为"inputDialogData"的变量中,其默认类型为字符串型,如图4-8所示。

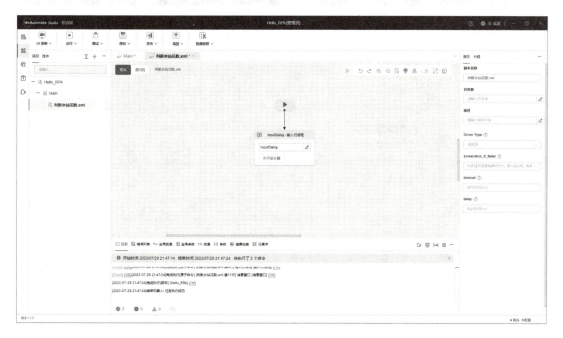

图4-8　创建"inputDiglog-输入对话框"控件

(3)创建一个"eval-运行python表达式"控件,以便运行python表达式。该控件的使用目的是将inputDialogData变量转换为整数型,并将结果保存在变量abc中。在其属性面板内设置要执行的python表达式为int(inputDialogData),便于将inputDialogData变量转换为整数型,同时在其面板下方命名框内填入变量名"abc",如图4-9所示。

(4)继续创建三个"eval-运行python表达式"控件来计算百位、十位和个位上的数字,并将计算结果分别保存到变量a、b、c中,如图4-10所示。

• 第一个"eval-运行python表达式"控件中,设置要执行的表达式为(abc//100)%10,计算出百位上的数字,在其面板下方命名框内填入变量名"a"。

• 第二个"eval-运行python表达式"控件中,设置要执行的表达式为(abc//10)%10,计算出十位上的数字,在其面板下方命名框内填入变量名"b"。

• 第三个"eval-运行python表达式"控件中,设置要执行的表达式为abc%10,计算出个位上的数字,在其面板下方命名框内填入变量名"c"。

这三个新变量的类型均为整数型。

(5)创建一个"if-条件分支"控件,设置对应的条件判断,以确定数字是否符合水仙花数的要求。设置条件判断表达式为a**3+b**3+c**3==abc,如图4-11所示。

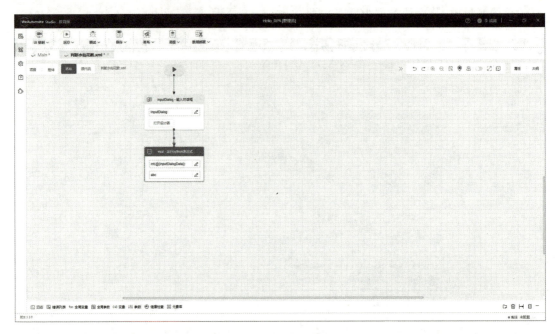

图 4-9　创建将变量转换为整数型的"eval-运行 python 表达式"控件

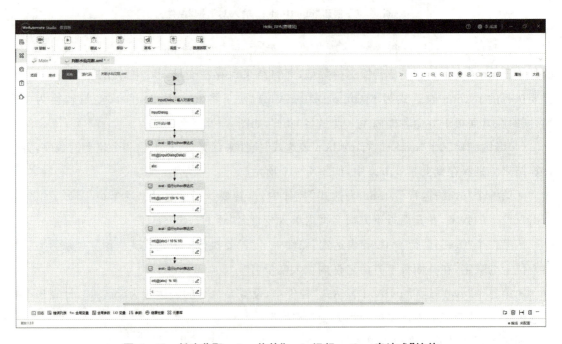

图 4-10　创建获取 a、b、c 值的"eval-运行 python 表达式"控件

项目4　判断水仙花数——变量定义

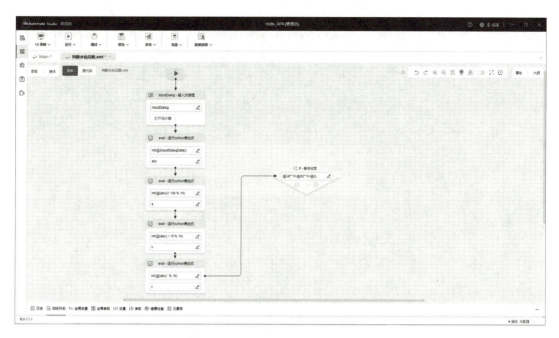

图 4-11　创建"if-条件分支"控件

（6）根据条件的不同结果设置分支语句。在条件成立分支，创建一个"messageBox-消息窗口"控件，设置其输出为"abc 是水仙花数"；在条件不成立分支，同样使用"messageBox-消息窗口"控件，并设置其输出为"abc 不是水仙花数"，如图 4-12、图 4-13、图 4-14 所示。

（7）为了验证结果，我们需要进行一次测试。如果输入"153"，点击运行后，弹出一个对话框，显示结果"153 是水仙花数"；输入"222"，点击运行后，弹出一个对话框，显示结果"222 不是水仙花数"，则可以认为脚本正确。以下是详细步骤。

①确保我们已经完成了前面的步骤，包括创建条件分支和消息框控件，并正确设置了对应的输出文本。

②验证条件成立的情况。点击"运行"按钮来执行脚本后，在输入框中输入"153"作为输入数据。如果一切正常，应该弹出一个消息窗口显示结果"153 是水仙花数"，可以参考图 4-15 和图 4-16。

③验证条件不成立的情况。再次点击"运行"按钮来执行脚本，重新输入"222"作为输入数据。如果一切正常，则弹出一个消息窗口显示结果"222 不是水仙花数"，可以参考图 4-17 和图 4-18。

（8）将上述设计结果保存到脚本，便于在以后的流程中使用该脚本来执行相同的操作。

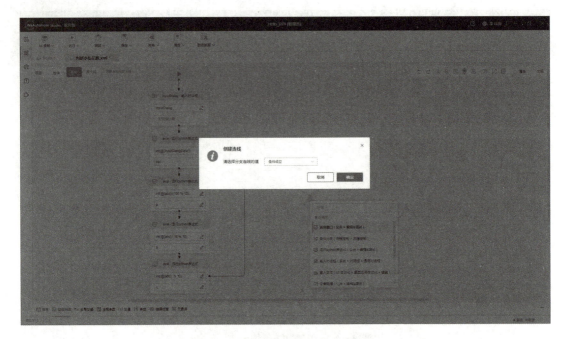

图 4-12　条件成立分支的确认窗口

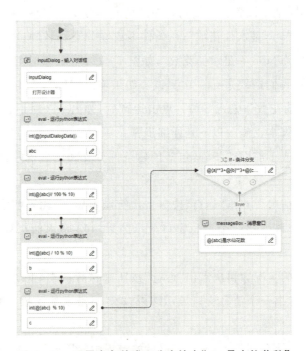

图 4-13　设置在条件成立分支输出"abc 是水仙花数"

项目4 判断水仙花数——变量定义

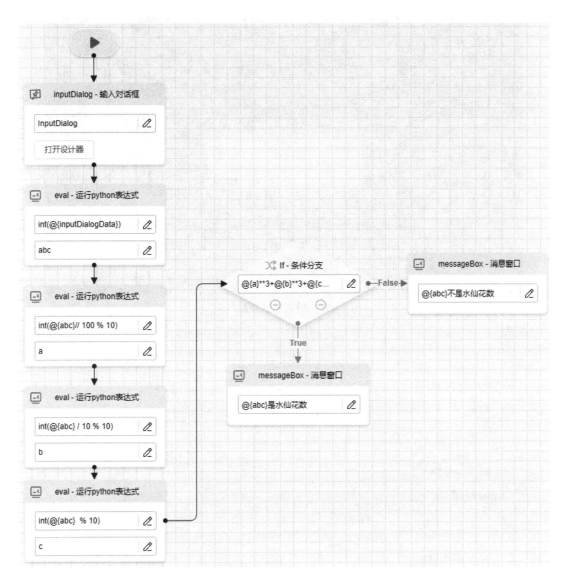

图 4-14 设置在条件不成立分支输出"abc 不是水仙花数"

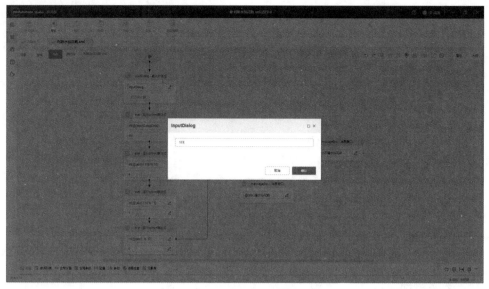

图 4-15 输入测试数据"153"

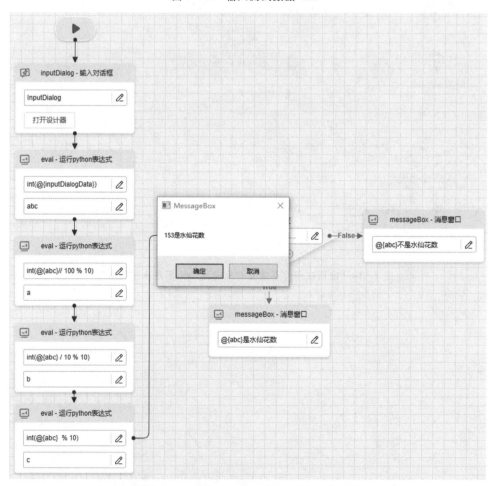

图 4-16 消息窗口提示"153 是水仙花数"

项目4 判断水仙花数——变量定义

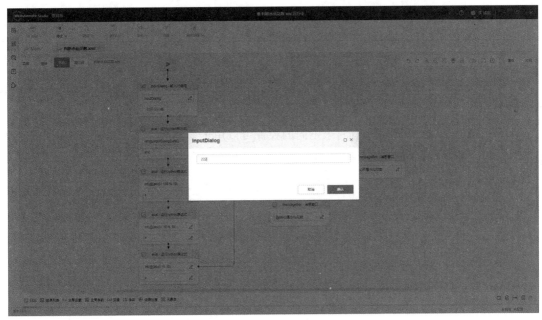

图 4-17 输入测试数据"222"

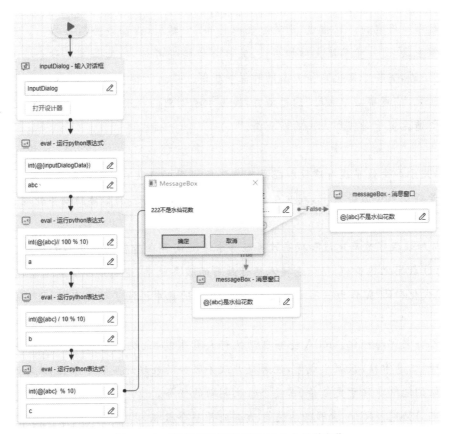

图 4-18 消息窗口提示"222 不是水仙花数"

4.5 项目小结

常见的数据类型包括字符串类型(String)、数字类型(Number)、布尔类型(Boolean)和列表类型(Array)。

在 WeAutomate Studio 中,有两个不同的控件可以用于变量赋值。一个是"assign-变量赋值"控件,另一个是"eval-运行 python 表达式"控件。

在 WeAutomate Studio 中,可以使用@{变量名}语法来引用变量的值。例如,引用一个名为"name"的变量,可以通过@{name}的方式。

理解这些概念和语法,可以更正式地描述常见的数据类型,理解变量赋值控件的原理和变量的引用方式。

前沿资讯

《2024 年政府工作报告》对 RPA 协助加速数字政府建设的要求

"加快数字政府建设。以推进"高效办成一件事"为牵引,提高政务服务水平。坚决纠治形式主义、官僚主义,进一步精简文件和会议,完善督查检查考核,持续为基层和企业减负。落实"三个区分开来",完善干部担当作为激励和保护机制。广大干部要增强"时时放心不下"的责任感,并切实转化为"事事心中有底"的行动力,提振干事创业的精气神,真抓实干、埋头苦干、善作善成,努力创造无愧于时代和人民的新业绩。"

——《2024 年政府工作报告》

《报告》关于加快数字政府建设和提高政务服务水平的表述,意味着政府服务流程的优化,而 RPA 正是提高政务服务效率,减少人工错误的重要技术手段,例如协助税务处理、工商注册、许可证申请等。

RPA 与加快数字政府建设和提高政务服务水平之间存在着密切且正面的关系。数字政府建设旨在通过数字化转型,利用信息技术提升政府的服务效率、透明度和响应速度,实现政府治理能力的现代化。RPA 作为一项重要技术手段,在此过程中扮演着关键角色,主要体现在以下几个方面。

(1)流程自动化与优化。RPA 能够自动执行大量重复性、规则明确的行政任务,如数据录入、文件处理、信息审核、报表生成等,显著提升政务服务的处理速度和准确性,减轻公务员的工作负担,让他们能够专注于更复杂、需要个性化判断的任务。

(2)跨部门协同。RPA 能够跨系统自动识别并整合数据,打破部门间的信息孤岛,促进数据共享和流程协同,提高政府内部的运作效率,使得政务服务更加顺畅,避免公众在不同部门间往返奔波。

（3）提升服务质量。通过自动化，RPA 可以实现 24 小时不间断的服务，减少服务响应时间，提供更加便捷、高效、标准化的服务体验，增强民众对政府服务的满意度和信任度。

（4）成本节约与资源优化。RPA 的应用减少了人工操作，降低了错误率和人力成本，使政府能够将资源重新分配到更有价值的服务和创新项目中，从而进一步提升政务服务的质量和效率。

（5）智能化决策支持。结合 AI 技术，RPA 可以处理和分析大量数据，为政府决策提供精准支持，推动政策制定更加科学、高效，有助于构建智慧政府。

RPA 是推动数字政府建设的重要工具之一，它通过自动化、优化流程、提升效率、促进协同、降低成本和增强服务体验等方式，直接促进了政务服务水平的提高，是实现政府现代化、高效化和民众友好型服务的关键技术支撑。

课后练习

一、选择题

1. 在流程工程中，参数有什么作用？　　　　　　　　　　　　　　　（　　）

　A. 存储中间结果和状态信息　　　　B. 接收外部输入的数据

　C. 进行数据计算和操作　　　　　　D. 控制流程的执行顺序

2. 变量在流程中的作用是什么？　　　　　　　　　　　　　　　　　（　　）

　A. 接收外部输入的数据　　　　　　B. 存储中间结果和状态信息

　C. 控制流程的执行顺序　　　　　　D. 进行数据计算和操作

3. 全局变量在 WeAutomate Studio 中可以通过哪个面板来管理？　　　（　　）

　A. 流程工程面板　　B. 任务面板　　C. 资源面板　　D. 全局变量面板

4. 常见的数据类型中不包括以下哪种类型？　　　　　　　　　　　　（　　）

　A. 整数型　　　　　B. 字符串型　　C. 列表型　　　D. 元组型

二、填空题

1. 全局变量可以在流程的 ＿＿＿＿＿＿ 部分被访问和使用。

2. 在流程工程中，变量的赋值可以通过 ＿＿＿＿＿＿、＿＿＿＿＿＿、＿＿＿＿＿＿ 这些方式进行。

3. 使用"@{变量名}"的方式可以引用 ＿＿＿＿＿＿。

三、判断题

1. 敏感类型的全局参数可以直接转换为全局变量。　　　　　　　　　（　　）

2. 文件型变量主要用于在运行脚本时传递文件。　　　　　　　　　　（　　）

3. 变量和参数在流程工程中的作用和行为完全相同。　　　　　　　　（　　）

四、简答题
1. 请举例说明全局变量的用途和场景。

2. 请解释什么是变量的赋值和引用,并说明它们在流程中的作用。

项目 5　判断手机号所属运营商——数据类型

本项目主要介绍数据操作相关的控件和技巧,包括字符串操作、列表操作、字典操作、日期与时间操作以及正则表达式操作等内容。

字符串操作包括字符串的拼接、切割、替换、查找等,可以满足不同业务需求。在本项目中,我们通过正则表达式来判断手机号是否合法,并根据不同的号码段来确定手机号所属的运营商,这就涉及字符串的匹配和判断。

列表操作涉及对列表数据的增、删、改、查等操作。在本项目中,需要通过列表来存储手机号号码段和对应的运营商信息。然后通过索引位置或特定方法,对列表进行修改和查询,从而实现对数据的操作和处理。

字典操作主要用于处理键值对数据,可以根据键来访问对应的值,并进行增、删、改、查等操作。在本项目中,可以使用字典来存储手机号号码段和对应的运营商信息,然后通过手机号号码段获取对应的运营商信息。

日期与时间操作用于对日期和时间进行处理。虽然在本项目中没有直接使用到,但在实际应用中,获取当前日期和时间、进行日期的计算和比较等是非常常见的操作。

正则表达式是一种强大的文本处理工具,可以通过定义匹配规则来完成查找、替换、提取等操作。在本项目中,可以通过定义正则表达式的匹配规则,判断手机号是否符合特定的号码段规定,从而确定手机号所属的运营商。

通过完成本项目,我们能够掌握常用数据类型的各种基本操作方法。这些知识将帮助我们在编写自动化流程的过程中高效地处理数据,实现灵活和精确的数据处理操作。

知识目标

1. 掌握字符串的拼接、切割、替换、查找等操作。

2. 熟悉列表操作的基本技巧,包括对列表数据的增、删、改、查,通过索引位置或特定方法对列表进行修改和查询等操作。

3. 理解字典操作的原理,能够根据键来访问对应的值,并进行增、删、改、查等操作。

4. 了解日期与时间操作的概念和基本用法,能够获取当前日期和时间,并进行日期的计算和比较操作。

5.熟练应用正则表达式的基本语法和常用函数,能够定义匹配规则来查找、替换、提取文本数据。

能力目标

1.能够根据具体需求对不同类型的数据进行高效处理,包括字符串、列表、字典、日期时间以及文本等数据类型。

2.能够灵活应用各种数据操作技巧,实现数据的修改、提取、查询、整理等操作。

3.能够准确理解和应用正则表达式的语法规则和函数方法,定义和应用匹配规则来进行文本数据的处理。

素质目标

1.提高解决问题的能力和思维逻辑,从而更好地处理各种数据操作需求。

2.培养发现规律和抽象思维的能力,从而在实际应用中更加灵活和准确地处理数据。

3.培养注重细节、严谨和规范的习惯,提高工作质量和效率。

5.1 字符串操作

字符串是一种数据类型,用于在程序中保存一串固定的字符。它是以单引号或双引号括起来的任意文本,通常可以利用全局变量或者"eval-运行python程序"控件来进行定义。

在设计过程中,当我们需要保存一个文本信息时,可以使用字符串类型。比如,我们可以使用字符串来表示专业名称、学生姓名等信息,例如"计算机应用技术"和"陈静"。

在 WeAutomate Studio 中,字符串的操作完全基于 python 语法。如果你对 python 比较熟悉,那么对字符串的操作会很容易上手。

常见的字符串操作函数如表 5-1 所示。

表 5-1 字符串操作函数

序号	函数名	功能
1	lower()、upper()、swapcase()	字符串大小写转换
2	string.search()	获取字符串中子字符串的索引
3	string.contain()	判断字符串中是否含有指定子串

续表

序号	函数名	功能
4	string.compare()	比较字符串是否相同
5	string.split()	字符串分割
6	string.count()	统计字符串中某子串出现的次数
7	string.join()	字符串拼接
8	string.strlen()	获取字符串长度
9	string.trim()	去掉字符串首尾的子串
10	str[start,end]	字符串截取
11	replace()	字符串替换

5.1.1 字符串大小写转换

针对字符串大小写转换,WeAutomate Studio 提供了以下三个函数:

- lower()函数:将字符串变量中的所有字符转换为小写字母。
- upper()函数:将字符串变量中的所有字符转换为大写字母。
- swapcase()函数:将字符串变量中的大写字母转换为小写字母,小写字母转换为大写字母。

新建一个名为"判断手机号所属运营商"的项目,并将保存路径设置为 D 盘,再创建一个名为"5.1.1 字符串大小写转换.xml"的子脚本。以下是对子脚本中字符串大小写转换的操作步骤的规范描述。

(1) 在 WeAutomate Studio 中创建一个全局变量,命名为"schoolName",类型为字符串(String)。并将其默认值初始化为"WuXi City College of Vocational Technology"。如图 5-1 所示。

(2) 在子脚本中,搜索并引入"eval-运行 python 表达式"控件。

(3) 在"表达式"框内填入 @{schoolName}.lower(),以将 schoolName 变量中的字符串全部转换为小写字母。

(4) 保留"结果"框内的默认内容"eval_ret",转换后的结果会自动保存在 eval_ret 变量中。

(5) 添加一个"messageBox-消息窗口"控件。

(6) 在消息框内容中填入对变量 eval_ret 的引用,格式为 @{eval_ret},这样项目运行时将以消息窗口的形式输出转换结果。

(7) 点击"保存"后,点击"运行",运行结果如图 5-2 所示。

图 5-1　设置全局变量 schoolName

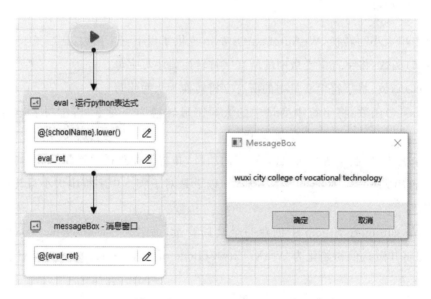

图 5-2　小写字母转换运行结果

利用类似方式进行设置,完成对 upper()函数、swapcase()函数的设置,得到如图 5-3 所示的界面,项目保存后,点击"运行",完成所有字符转换为大写字母、大写小写字母相互转换的操作。

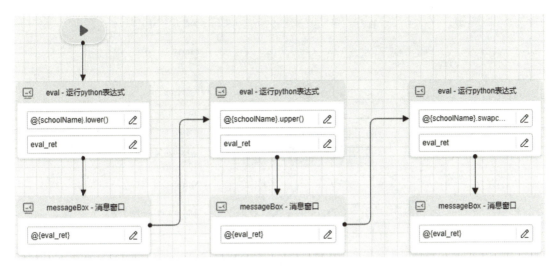

图 5 - 3　lower( )函数、upper( )函数、swapcase( )函数设置界面

5.1.2　获取字符串中子字符串的索引

"string. search -查找子串位置"控件可以在目标字符串中查找指定的子串,并返回子串在目标字符串中的位置。默认情况下,它会从左往右查找,并从左边第一位开始计算位置,如果找不到子串则返回-1。该控件只会进行一次查找,一旦找到匹配的子串,就会停止查找。

下面是该控件的参数说明。

• 目标字符串(必填):需要进行查找操作的目标字符串。

• 子串:要查找的子字符串。

• 查找起始位置:表示从目标字符串的哪个位置开始查找,可选参数,默认为从左边第一位开始查找。如果设置为-1,则表示从字符串右边开始查找。

• 子串开始位置:用来存储查找结果,即保存子串在目标字符串中的位置的变量,该变量的默认名为"stringsearch_ret"。

使用"string. search -查找子串位置"控件进行子串位置的查找时需要遵循以上规范。如图 5 - 4 所示,将目标字符串和子串分别设置成"university"和"ver",将得到结果"3",该结果保存在"stringsearch_ret"变量中。

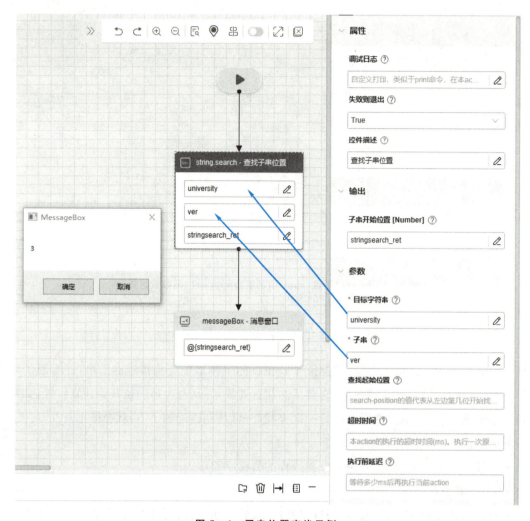

图 5-4 子串位置查找示例

5.1.3 判断字符串中是否含有指定子串

"string.contain-包含子串"控件用于判断一个字符串是否包含指定的子串。如果字符串中包含指定的子串,则该控件返回"True";如果字符串中不包含指定的子串,则返回"False"。

下面是该控件的参数说明。

- 父串:必填参数,表示待处理的字符串,即需要进行判断的原始字符串。
- 子串:必填参数,表示要查找的子串。
- 检查结果:默认将返回值存储在变量 is_contained 中,变量类型为布尔型(Boolean)。如果字符串包含指定的子串,则返回结果为"True";如果字符串不包含指定的子串,则返回结果为"False"。

假设需要判断的待处理字符串为"university",子串为"verd",通过添加"messageBox-消息窗口"控件显示检查结果,将得到检查结果"is_contained"的值"False",如图 5-5 所示。

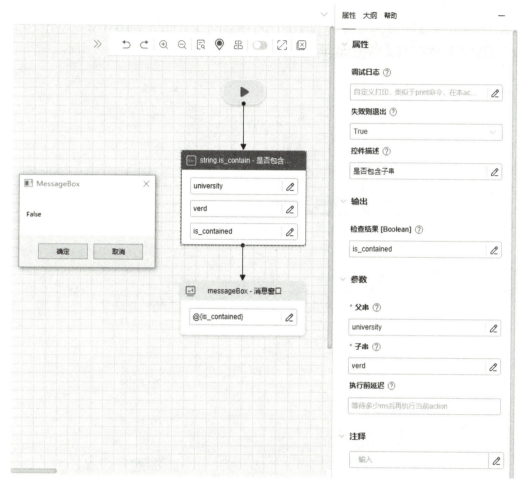

图 5-5 判断字符串中是否含有指定子串示例

5.1.4 比较字符串是否相同

"string.compare-比较字符串"控件用于比较两个字符串是否相同。如果两个字符串相同,则该控件返回"equals";如果两个字符串不相同,则返回"notEquals"。

下面是该控件的参数说明:
- 第一个字符串:必填参数,表示待比较的第一个字符串。
- 第二个字符串:必填参数,表示待比较的第二个字符串。
- 大小写敏感:可选参数,默认为大小写敏感(值为 1)。如果设置为 0,则表示大小写不敏感。
- 比较结果:默认参数,存储控件的输出结果到变量 stringcompare_ret 中。如果两个字符串相同,则返回结果为"equals";如果两个字符串不相同,则返回结果为"notEquals"。变量类型为字符串(String)。

假设需要比较的第一个字符串为"university",第二个字符串为"univercity",大小写敏感设置为1,得到比较结果,变量 stringcompare_ret 的值为"notEquals",如图 5-6 所示。

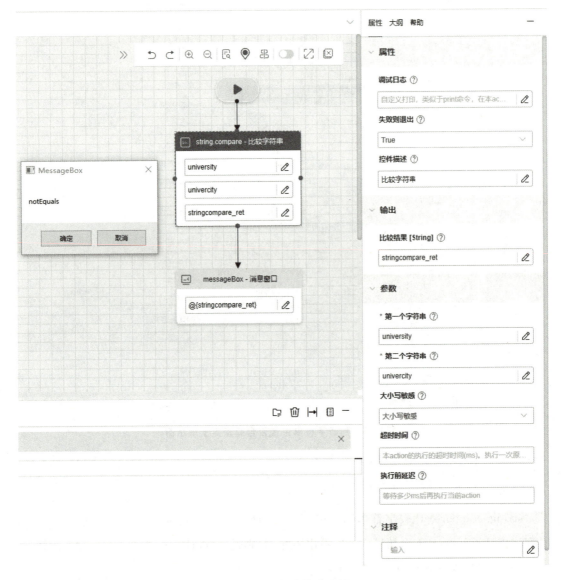

图 5-6　比较字符串示例

5.1.5　字符串分割

"string.split-分割字符串"控件用于根据指定的字符分割字符串,并返回一个包含分割后的字符串的列表。

项目5 判断手机号所属运营商——数据类型

下面是该控件的参数说明。

• 目标字符串：必填参数，表示待处理的字符串，即需要进行分割操作的原始字符串。

• 分隔符：可选参数，表示用于分割字符串的特定字符。如果未填写分隔符，则默认根据全部空白字符进行分割。

• 分割次数：可选参数，表示用分隔符分割字符串的次数。默认情况下会将字符串全部分割。

• 取值索引：可选参数，表示切割生成的数据列表中的取值索引，从 0 开始计数。如果未设置取值索引，则返回分割后的完整列表。

• 字符串列表：分割后的字符串列表，默认将返回值存储在变量 stringsplit_ret 中。

如图 5-7 所示，通过该控件操作将字符串"It is so hot today!"进行分割，得到结果列表"["It","is","so","hot","today!"]"。

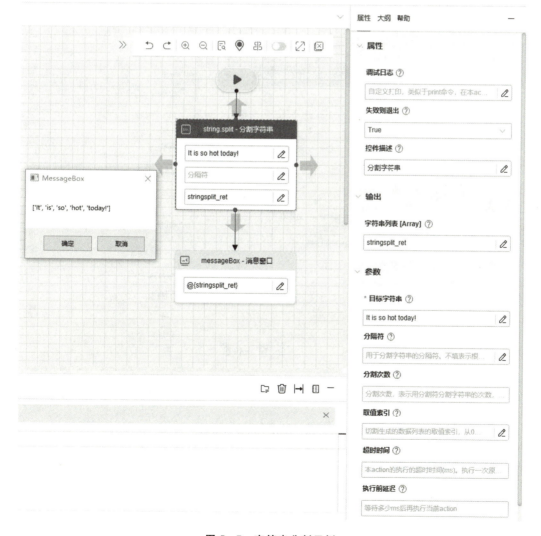

图 5-7 字符串分割示例

5.1.6 统计字符串中某子串出现的次数

"string.count -统计子串数量"控件用于统计字符串中特定子串的数量。

下面是该控件的参数说明。

- 待处理字符串：必填参数，表示待处理的字符串，即需要进行统计的原始字符串。
- 子串：必填参数，表示需要统计的子串。
- 子串数：表示子串在待处理字符串中的数量，默认将返回值存储在变量 stringcount_ret 中。

如图 5-8 所示，统计待处理字符串"123qwe123456789123"中子串"123"的个数，结果为"3"。

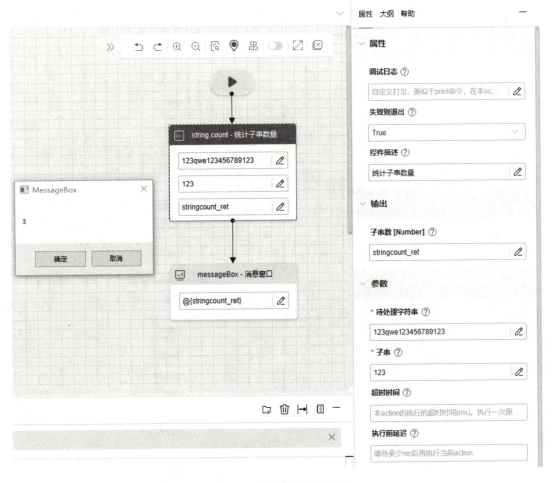

图 5-8 统计子串数量示例

5.1.7 拼接字符串

"string.join -拼接字符串"控件用于将两个字符串进行拼接。

下面是该控件的参数说明。

- 字符串 1：必填参数，表示待拼接的第一个字符串。
- 字符串 2：必填参数，表示待拼接的第二个字符串。
- 结果字符串：表示拼接后的字符串，默认将返回值存储在变量 string_join_ret 中。

如图 5-9 所示，拼接字符串"江苏省"和"无锡市"，拼接操作后的结果字符串"江苏省无锡市"，保存在变量 string_join_ret 中。

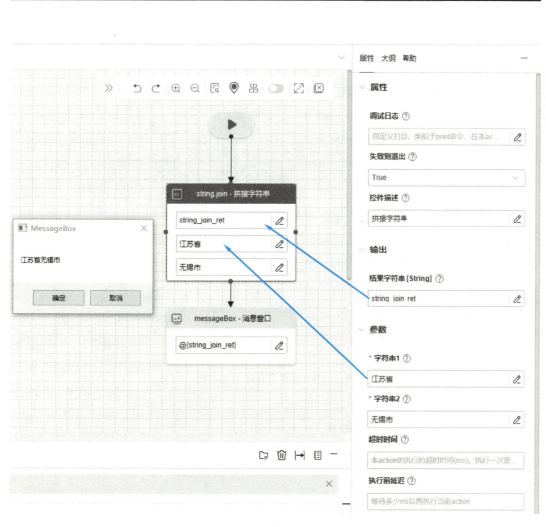

图 5-9 字符串拼接示例

5.1.8 获取字符串长度

"string.strlen-统计长度"控件用于统计字符串的长度。

下面是该控件的参数说明。

- 待处理字符串：必填参数，表示待处理的字符串，即需要进行长度统计的字符串。
- 字符串长度：表示待处理字符串的长度，默认将返回值存储在变量 stringstrlen_ret 中。

如图 5-10 所示，统计字符串"中华人民共和国"的长度，结果为"7"。

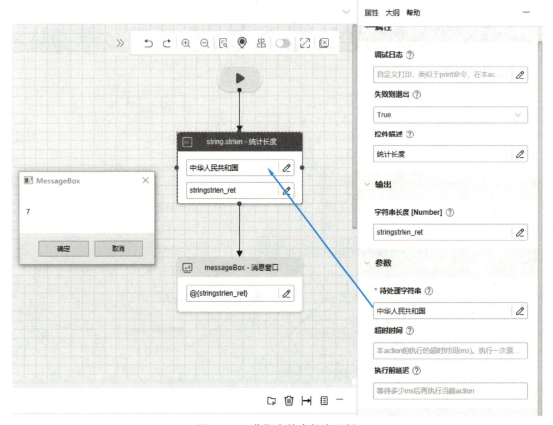

图 5-10　获取字符串长度示例

5.1.9　去掉字符串首尾的子串

"string.trim-删除子串"控件用于删除字符串两边指定的子串。

下面是该控件的参数说明。

- 待处理字符串：必填参数，表示待处理的字符串，即需要进行修剪操作的原始字符串。
- 两端要删除的字符列表：可选参数，表示需要从待处理字符串两端删除的多个指定字符，可以是一个字符串列表。如果填写了该参数，在待处理字符串的两端只要含有该参数中出现的字符（无顺序要求），这些字符都会被删除。例如，如果填写字符串"ab"，则会删除待处理字符串两端的字符"a"和"b"。默认情况下不进行任何字符删除。
- 处理后字符串：表示经过修剪后的字符串，默认将返回值存储在变量 stringtrim_ret 中。

如图 5-11 所示,删除字符串"abc123dasfsfabc"两端的"abc",结果为"123dasfsf"。

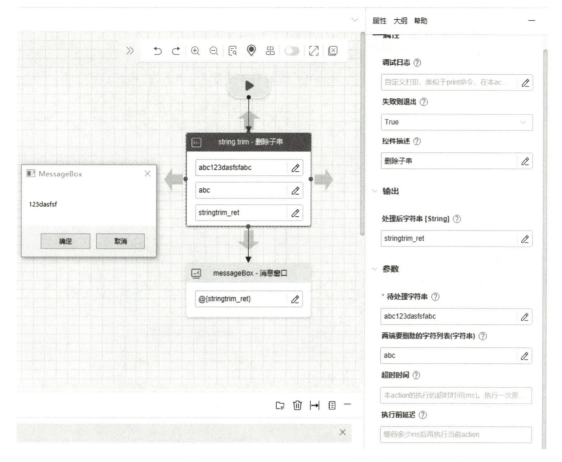

图 5-11　去掉字符串首尾的子串示例

5.1.10　字符串截取

字符串切片操作是一种常用的字符串处理方式,可以根据起始位置、结束位置和步长来截取需要的子串。下面是字符串切片的详细规则。

(1)语法:字符串[起始位置:结束位置:步长],其中步长默认为 1,可以省略,但不能为 0。
(2)起始位置和结束位置表示在字符串中的索引,索引从 0 开始计数。需要注意以下几点:
- 切片包含起始位置的字符,但不包含结束位置的字符。
- 超出字符串索引范围的切片不会引发错误,仍然返回有效的切片结果。
- 若起始位置或结束位置为负数,则表示从字符串末尾开始计数的索引,-1 表示最后一个字符,-2 表示倒数第二个字符,以此类推。

(3)步长(可选)表示切片的间隔,默认值为 1,表示连续切片。若指定步长为正数,则从左到右切片;若指定步长为负数,则从右到左切片。

请注意,进行字符串切片时,需要注意以下两点:

①切片操作步长为正时,起始位置小于结束位置。

②字符串切片不会修改原始字符串,而是返回一个新的切片结果。

如图 5-12 所示,截取字符串"university"的最后 4 个字符,结果为"sity"。

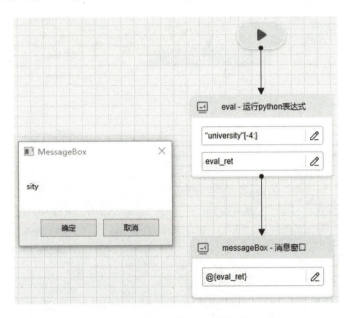

图 5-12 字符串截取示例

5.1.11 字符串替换

在实际设计中,我们经常需要对字符串进行替换操作,华为 WeAutomate 提供了多种字符串替换函数供开发者使用。

1. replace()函数

replace()函数是最常用的字符串替换函数,它能够将字符串中的指定子串替换为新的子串。语法为 str.replace(old,new,count),其中"old"表示需要被替换的子串,"new"表示替换后的子串,"count"表示替换的次数(可选)。

假设想把"Hello World! Hello WeAutomate!"中的"Hello",都由"Hi"来替换,需要先设置变量 msg 的值为"Hello World! Hello WeAutomate!",然后再添加"eval-运行 python 表达式"控件设定表达式,最终结果如图 5-13 所示。

项目 5　判断手机号所属运营商——数据类型

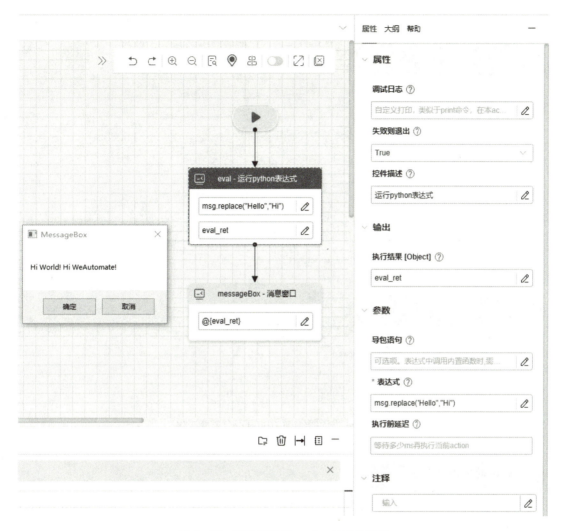

图 5-13　字符串替换:replace( )函数示例

2. translate()函数

translate()函数也用于替换字符串的一部分,但它只能替换单个字符,并且能够同时进行多个替换任务。在使用 translate()函数之前,需要先通过 maketrans()方法创建一个翻译表(translation_table),用于表示字符的替换关系。语法为 str.translate(translation_table)。

如图 5-14 所示,首先设定两个全局变量 intab、outtab,分别赋值"aeiou""12345";导入一个"eval-运行 python 表达式"控件,将 str.maketrans(intab,outtab)赋值给 trantab,用于创建字符映射表;再导入一个"eval-运行 python 表达式"控件,将@{msg}.translate(trantab)赋值给 msg2,使用 translate()函数替换 msg 字符串中的字符;最终通过"messageBox-消息窗口"控件,验证指定字符是否被替换成对应字符。

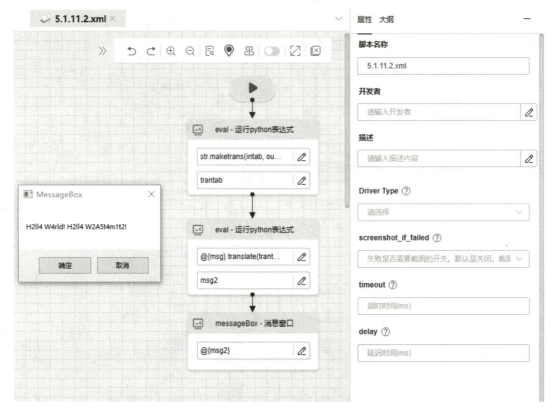

图 5-14　字符串替换：translate( )函数示例

3. re 库的 sub( ) 函数

re 库是常用的正则表达式匹配库,它提供了强大的字符串替换功能。其中,sub( )函数用于将字符串中匹配到的部分替换为指定的字符串。

其中 re. sub(pattern,repl,string,count=0,flags=0),可以用于实现字符串替换功能。在使用 sub( )函数时,需要提供以下参数:"pattern"表示用于匹配的正则表达式,"repl"表示用于替换的字符串,"string"表示待替换的原始字符串,"count"表示替换的次数(可选),"flags"表示匹配模式(可选)。

想要实现"Hello world! Hello WeAutomate!"内"Hello"替换为"Hi"的功能,首先导入"eval-运行 python 表达式"控件,设定为 re. compile(r'Hello'),使用 re. compile( )编译正则表达式,匹配"Hello"字符串,此处还需要导入正则表达式模块 re,添加语句 import re。然后再导入一个"eval-运行 python 表达式"控件,写入 namesRegex. sub('Hi',msg),使用 re. sub( )方法在 msg 字符串中替换"Hello"为"Hi",并赋值给变量 eval_ret,最终通过 MessageBox 弹窗显示 eval_ret 变量,验证"Hello"是否全被替换为"Hi",如图 5-15 所示。

项目 5　判断手机号所属运营商——数据类型

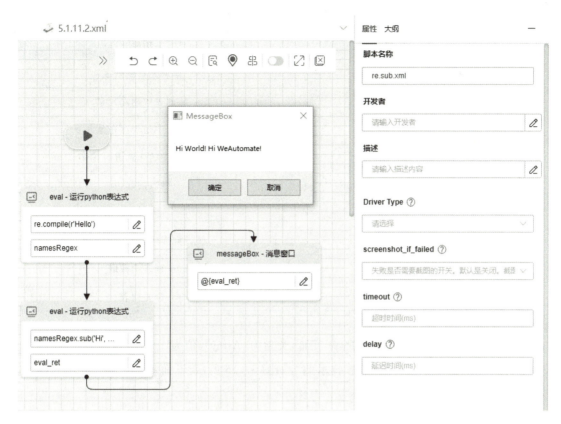

图 5-15　字符串替换:sub( )函数示例

字符串替换函数在字符串处理中起到了重要作用。在实际应用中,可以根据需求选择合适的函数来实现字符串替换操作,从而简化代码并提高开发效率。还可以结合其他字符串操作和逻辑,进行更复杂的字符串处理。对于开发者来说,熟练掌握这些字符串替换函数将会非常有益。

5.2　列表操作

列表是可变的,并且可以包含不同类型的元素,非常适合用于存储一组相关的数据或对象。列表使用方括号"[]"表示,并用逗号","分隔元素。例如,invoice_numbers=[1234,5678,9012,3456]。可以使用索引来访问列表中的元素,索引从 0 开始,例如 invoice_numbers[0]表示访问列表 invoice_numbers 中的第一个元素,结果为"1234"。

WeAutomate Studio 的列表操作主要是通过"eval-运行 python 表达式"控件的形式,遵从 python 语法,主要方式如表 5-2 所示。

表 5-2 列表操作函数

序号	函数名	功能
1	append()	添加元素到列表
2	pop()	从列表中删除元素
3	in	判断列表中是否存在某元素
4	sort()	对列表中的元素进行排序
5	遍历/计次循环/for	列表的遍历
6	clear()	清空列表
7	count()	统计列表中某元素的个数
8	list[start:end]	从列表中截取
9	+	合并列表

根据表 5-2,设定名为"专业"的全局变量,类型为"Array",值为"["计算机应用技术","计算机网络技术","信息安全技术","传感技术"]",如图 5-16 所示,下面基于该列表变量对列表操作进行详细描述。

图 5-16 全局变量设定示例

1. append()

导入"eval-运行 python 表达式"控件,通过 append() 方法可以将给定的元素添加到列表的末尾。在控件中写入@{专业}.append("无人机应用技术")将"无人机应用技术"添加到列表变量中,最终通过 MessageBox 进行显示,如图 5-17 所示。

2. pop()

参考 append() 方法实例,导入"eval-运行 python 表达式"控件,通过使用 pop() 方法可以删除并返回列表中指定位置的元素。默认情况下,它删除并返回最后一个元素。例如,@{专业}pop("传感技术")将在列表中删除并返回名为"传感技术"的元素。

3. in

参考 append() 方法实例,导入"eval-运行 python 表达式"控件,通过使用 in 关键字来检查列表中是否存在某个元素。例如,"计算机网络技术"in@{专业}将返回"True"。

项目5 判断手机号所属运营商——数据类型

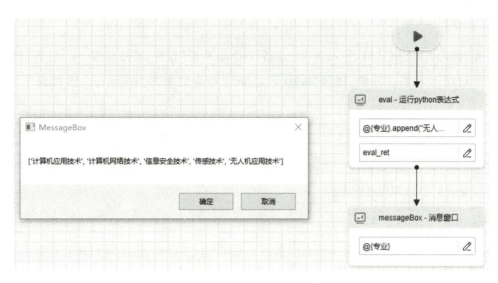

图 5-17 列表操作:append()函数示例

4. sort()

参考 append()方法实例,导入"eval-运行 python 表达式"控件,通过使用 sort()方法可以对列表中的元素进行升序排序。可以选择使用"reverse＝True"对参数进行降序排序。

5. 遍历列表

导入"For-遍历/计次循环"控件,通过使用循环(如 For 循环)遍历列表中的每个元素,将数据集合和条目名称,分别设置为"@{专业}"和"item",然后通过 MessageBox 进行循环输出,如图 5-18 所示。

图 5-18 遍历列表示例

6. clear()

参考 append()方法实例,导入"eval-运行 python 程序"控件,通过使用 clear()方法可以清空列表中的所有元素。例如,@{numbers}.clear()将清空名为"numbers"的列表中的所有元素。

7. count()

参考 append()方法实例,导入"eval-运行 python 表达式"控件,通过使用 count()方法可以统计列表中某个元素的出现次数。

8. list[start:end]

参考 append()方法实例,导入"eval-运行 python 表达式"控件,通过使用切片来截取列表中的一部分元素,创建一个新的列表。例如,@{专业}.[1:3]将返回名为"专业"的列表中索引 1 和 2 指定的元素。

9. "+"操作符

参考 append()方法实例,导入"eval-运行 python 程序"控件,通过使用"+"操作符可以将两个列表合并成一个新的列表。

理解并灵活应用这些方法和语法,可以更好地操作和处理列表中的元素。列表是一种非常强大和实用的数据结构,熟练掌握列表的使用方法,将有助于提高项目运行效率和控件罗列的可读性。

5.3 字典操作

华为 WeAutomate 主要由 python 开发,因此数据类型也遵从 python 语法。字典(Dictionary)是一种常用的数据结构,它用于存储键值对。字典是一种无序且可变的集合,其中每个键都唯一且与一个值相关联。字典提供了一种快速查找和访问数据的方式,可以根据键来获取对应的值。

字典具有以下几个主要的作用。

(1)索引和查找:与列表不同,字典使用键而不是索引来访问元素。通过键,可以快速地查找和获取对应的值,而不需要遍历整个字典。

(2)数据存储和管理:字典可以用于存储和管理大量的数据。比如,可以使用字典来存储用户信息,每个用户的键可以是其唯一的用户名,对应的值可以是用户的其他属性,如年龄、性别等。

(3)数据统计和分组:字典可以被用来进行数据的统计和分组。例如,可以使用字典来统计文本中每个单词出现的次数,其中键可以是单词,对应的值可以是该单词在文本中出现的次数。

为熟悉 WeAutomate Studio 内字典的基本操作,尝试在 WeAutomate Studio 内设置全局变量 week,类型为"Object",默认值设置为"{'周一':'Monday','周二':'Tuesday','周三':'Wednesday','周四':'Thursday','周五':'Friday'}"。详细步骤如下。

(1)添加元素到字典。添加"eval-运行 python 表达式"控件,使用 update()方法,将一个字典中的键值对添加到另一个字典中,表达式为@{week}.update({'周六':'Saturday','周日':'Sunday'}),如图 5-19 所示。这个方法接收一个字典作为参数,然后将这个参数字典中的键值对添加到调用该方法的字典中。

图 5-19 添加元素到字典

(2)删除字典中的元素。通过使用"dictDelete-删除字典键值对"控件来删除字典中的指定键值对,设置"字典对象变量"和"键名"属性来完成删除操作。例如,将"字典对象变量"和"键名"分别设置为"week"和"周一",然后运行即可实现在 week 字典中删除"周一",如图 5-20 所示。

请注意,删除的键值对或清空的字典的数据将无法恢复,请谨慎操作。

图 5-20 删除字典的键值对示例

(3)获取字典键名列表。使用"dictGetKeys-获取字典键名列表"控件来获取字典键名列表,设置"字典对象变量"和"键名列表"属性来完成获取操作。例如,将二者分别设置为"week"

和"key_list",即可将字典 week 的键名列表保存在变量 key_list 中,利用"messageBox-消息窗口"控件显示 key_list 变量,如图 5-21 所示。

图 5-21 获取字典键名列表示例

除了前面提到的控件,WeAutomate Studio 还提供了其他多个控件来完善设计人员对于字典数据的使用,下面列举其中四个控件。

• "dictCreate-创建字典"控件用于创建一个新的字典对象。

• "dictSet-设置字典键值对"控件用于设置字典对象中的键值对。需要指定字典对象变量、键名和对应的值。

• "dictGetLength-获取字典键值对个数"控件用于获取字典对象中键值对的个数。需要指定字典对象变量。

• "dictCopy-复制字典"控件用于复制一个字典对象。需要指定目标字典对象和源字典对象。

使用这些控件,设计人员可以更加灵活地处理字典数据。

请注意,根据具体的设计器版本和编程环境,这些控件的名称和功能可能有所不同。以上描述的控件仅为示例,具体的操作方式可能会有所变化,建议查阅设计器文档或相关资源以获取更全面的信息。

> 请尝试基于字典应用完成以下"单词识别"任务。
>
> 任务情境：周一到周日的英文依次为：Monday、Tuesday、Wednesday、Thursday、Friday、Saturday 和 Sunday，这些单词的首字母基本不相同，在这 7 个单词的范围之内，通过第一个或前两个字母即可判断对应的是哪个单词。
>
> 任务描述：请根据要求编写程序，实现根据第一个或前两个字母输出 Monday、Tuesday、Wednesday、Thursday、Friday、Saturday 和 Sunday 之中完整单词的功能。

5.4 日期与时间操作

当代计算机系统都有计时功能，能够输出从格林威治标准时间 1970 年 1 月 1 日 00:00:00 开始到当下的时间计数，精确到秒，称为时间戳。这是 UNIX 操作系统早期的设计习惯，后沿用到所有计算机系统中。

以不同格式显示日期和时间是最常用到的功能设计之一。基于 python 的 datetime 库，WeAutomate Studio 提供了两个处理时间的控件 "datetime.timestamp-时间转时间戳" 和 "datetime.localtime-时间戳转时间"，以及一系列的 datetime 库方法，以用于完成一系列由简单到复杂的时间处理。

在 WeAutomate Studio 中，导入一个 "datetime.timestamp-时间转时间戳" 控件，用于将指定格式的时间转换为对应的时间戳。在使用该控件时，需要设置时间、格式和输出的时间戳变量名。需要注意的是，在输入框填写时间时，必须严格按照格式框内指定的格式进行填写，否则可能导致运行时出现错误。

再导入一个 "datetime.localtime-时间戳转时间" 控件，用于将时间戳转换为对应的时间。在使用该控件时，需要设置时间戳、格式和输出的时间变量名。

值得注意的是，在时间转换过程中，需确保选择适当的时间格式，并根据具体需求设置输出的变量，以准确获得期望的时间或时间戳值，如图 5-22 所示。

此外，还可以利用 "eval-运行 python 表达式" 控件来调用 datetime 库，实现对时间对象的操作。datetime 库提供了以下 5 种日期和时间表达方式。

(1)"datetime.date"：用于表示日期，包括年、月、日等信息。

(2)"datetime.time"：用于表示时间，包括小时、分钟、秒、毫秒等信息。

(3)"datetime.datetime"：用于表示日期和时间的组合，功能覆盖了 date 类和 time 类。

(4)"datetime.timedelta"：用于表示时间间隔的类。

(5)"datetime.tzinfo"：用于表示时区相关信息的类。

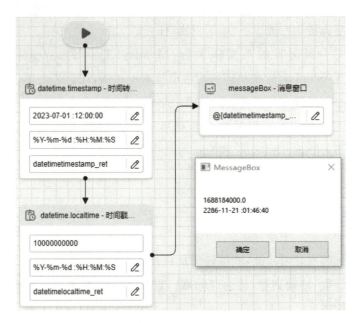

图 5-22　时间与时间戳相互转换示例

在使用这些类进行操作时,需要先导入相应的库,例如通过"from datetime import datetime"来导入 datetime 库。如果需要进行相关操作,建议详细参考 datetime 库的使用说明。

为了正确使用 datetime 库和相关控件,建议深入研究相关文档,了解各个输入框的要求和限制,并按照文档指导来配置和使用控件,以确保能够获得预期的结果。

5.5　正则表达式操作

5.5.1　正则表达式基本知识

正则表达式是一种强大的工具,用于匹配和操作文本。它由普通字符和特殊字符构成,用于描述要匹配的文本模式。

正则表达式可以在文本中查找、替换、提取和验证特定的模式。例如,对于模式"Colleg＋e",它可以匹配"College""Colleggge""Collegggge"等,其中"＋"表示前面的字符必须至少出现 1 次(1 次或多次)。而对于模式"Colleg＊e",它可以匹配"Collee""College""Collegge"等,其中"＊"表示前面的字符可以不出现,也可以出现一次或者多次(0 次、1 次或多次)。另外,模式"Colleg？e"可以匹配"Collee""College"等,其中"？"表示前面的字符最多只能出现一次(0 次或 1 次)。

构造正则表达式的方法类似于创建数学表达式的方法。可以使用多种元字符和运算符将小的表达式组合在一起,以创建更大的表达式。正则表达式的组件可以是单个字符、字符集合、字符范围、选择字符之间的选项,也可以是这些组件的任意组合。

正则表达式是由普通字符(例如字符 a~z)和特殊字符(又称"元字符")组成的文本模式,用于描述要匹配的一个或多个字符串。正则表达式可以作为模板,将某个字符模式与所搜索的字符串进行匹配。

正则表达式具有自己的语法和规则,因此在使用正则表达式时,需要了解和熟悉其语法,并根据需求构建合适的模式,以实现期望的匹配结果。

5.5.2　运用正则表达式

WeAutomate Studio 对正则表达式也有着非常好的支持,提供了"regex_search -正则搜索"控件与"regex_findall -正则查找所有"控件,此外也可利用"eval -运行 python 表达式"控件设计更多的正则匹配模式。

"regex_search -正则搜索"控件用于正则匹配第一个符合条件的字符串,并将返回结果存储在变量 regex_search_ret 中。

"regex_findall -正则查找所有"控件,对指定的字符串做正则匹配,匹配获取所有符合规则的数据,返回结果,默认将返回值存储在变量 regex_findall_ret 中。

结合上述内容,导入控件,完成相应的设置,在"messageBox -消息窗口"控件编辑框内输入正则搜索结果:@{regex_search_ret}正则查找所有结果:@{regex_findall_ret},点击"运行",结果如图 5-23 所示。

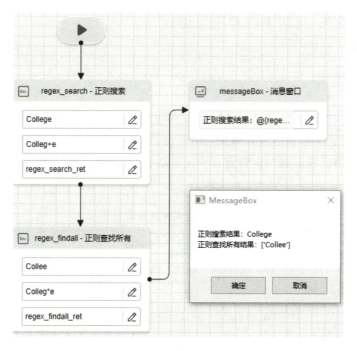

图 5-23　正则表达式应用示例

添加"eval-运行python表达式"控件,导入 re 包后,同样可以实现正则匹配操作。格式为 re.match(pattern,string,[flags])。其中:"pattern"表示模式字符串,"string"表示要匹配的字符串,"flags"表示可选参数。例如,表达式框内填入 re.match("1[35678]\d{9}","13923123123"),设置返回值为"eval_ret",通过 MessageBox 显示最终匹配结果,如图 5-24 所示。

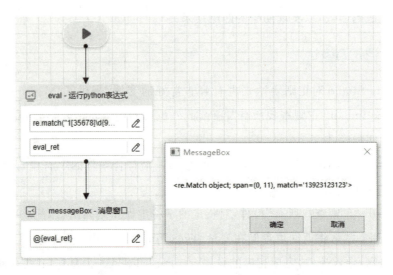

图 5-24　使用"eval-运行 python 表达式"控件进行正则匹配应用示例

5.6　实训任务:判断手机号所属运营商

5.6.1　任务情境

手机号大家并不陌生,一个手机号码由 11 位数字组成,前 3 位表示网络识别号,第 4~7 位表示地区编号,第 8~11 位表示用户编号。因此,我们可以通过手机号前 3 位的网络识别号辨别手机号所属运营商。我国通信运营商有中国移动、中国联通、中国电信,各大运营商的网络识别号如表 5-3 所示。

表 5-3　运营商和网络识别号

运营商	号码段
移动	134、135、136、137、138、139、147、148、150、151、152、157、158、159、165、178、182、183、184、187、188、198
联通	130、131、132、140、145、146、155、156、166、185、186、175、176
电信	133、149、153、180、181、189、177、173、174、191、199

本实例要求设计自动化流程,实现判断输入的手机号码是否合法以及判断其所属的运营商的功能。

5.6.2 任务描述

要判断一个手机号是否属于中国移动、中国联通、中国电信其中一家,首先需要验证用户输入的手机号码是否符合手机号码的规则。如果符合规则,再判断输入的手机号码具体属于哪个运营商。实现这个功能的思路如下。

(1)接收用户输入的手机号码。

(2)使用正则表达式对用户输入的手机号码进行匹配验证,判断是否符合手机号码的规则。

- 如果符合规则,继续进行下一步。
- 如果不符合规则,提示用户"请输入正确的手机号"。

(3)使用表 5-3 中的号码段进行匹配,确定手机号码所属的运营商。

(4)返回相应的运营商信息给用户。

5.6.3 任务实施

根据任务情境和任务描述,设计 RPA 流程如图 5-25 所示。

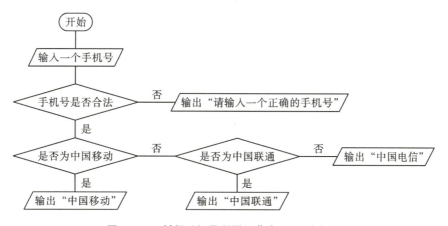

图 5-25 判断手机号所属运营商 RPA 流程图

操作过程如下。

(1)打开 WeAutomate Studio,创建一个名为"判断手机号所属运营商"的项目,如图 5-26 所示。

图 5-26 新建项目"判断手机号所属运营商"

(2)在项目下面创建脚本,如图 5-27 所示。

图 5-27 创建脚本

(3)创建一个"system.simpleDialog -输入对话框"控件,如图 5-28 所示。标签内容修改成"输入电话号码",对话框内容为"number"。

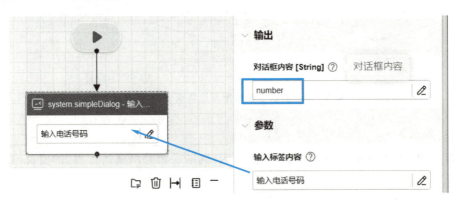

图 5-28 创建输入文本控件

(4)创建一个"eval -运行 python 表达式"控件,如图 5-29 所示。设置表达式为@{number},执行结果为 phoneNum。

项目 5 　判断手机号所属运营商——数据类型

图 5-29 　python 表达式

（5）添加"regex_search-正则搜索"控件，注意正则表达式和待处理的字符串需要填写正确。这一步的目的是先确认输入的是一个正确的电话号码，如图 5-30 所示。

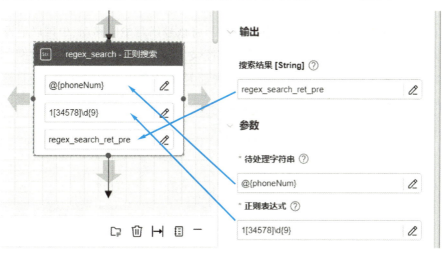

图 5-30 　正则搜索

（6）添加"if-条件分支"控件，如图 5-31 所示。如果电话号码正确，继续判断是哪个公司的号码，如果不正确则需要重新输入。

图 5-31 　if 条件分支

(7)为False分支添加一个"messageBox-消息窗口"控件,提示"请输入正确的手机号"。如图5-32所示。

图5-32 消息窗口

(8)如果手机号正确,继续使用正则匹配控件,将该号码与中国移动、中国联通及中国电信号码的正则表达式相匹配。还需要利用"if-条件分支"控件根据匹配结果作出判断。如果不是中国移动,继续匹配判断是否是中国联通,如两者都不是,则判定是中国电信。项目整体设计如图5-33所示。

项目5 判断手机号所属运营商——数据类型

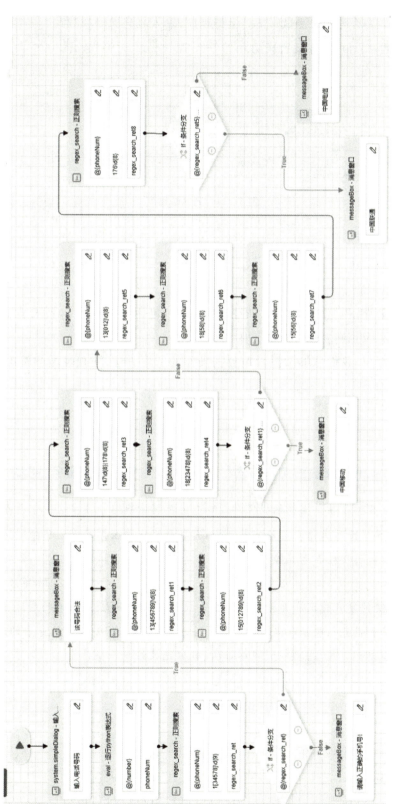

图5-33 项目设计整体样例

(9) 最后,输入一个号码来测试一下。运行程序,输入号码"15732622＊＊＊",如果弹出如图 5-34 所示提醒,则证明程序运行成功。

图 5-34　测试结果

5.7　项目小结

本项目中主要介绍了数据操作相关的控件和技巧,包括字符串操作、列表操作、字典操作、日期与时间操作以及正则表达式操作等内容。

通过完成本项目,我们能够掌握常用数据操作的基本方法,实现灵活和精确的数据处理操作。

前沿资讯

《2024 年政府工作报告》对 RPA 促进提升社保服务的要求

"加强社会保障和服务。实施积极应对人口老龄化国家战略。城乡居民基础养老金月最低标准提高 20 元,继续提高退休人员基本养老金,完善养老保险全国统筹。在全国实施个人养老金制度,积极发展第三支柱养老保险。"

——《2024 年政府工作报告》

社会保障系统的复杂管理和大量数据处理是 RPA 可以显著提高效率的领域。报告中提及的"加强社会保障和服务",包括养老、医疗、保险管理等,都是 RPA 可大显身手的地方,可以利用 RPA 完成如自动化处理保险赔付、资格审核、数据记录维护等操作。

课后练习

一、选择题

1. 要检查两个字符串是否相同,应该使用以下哪个函数?　　　　　　　　　　　　(　　)

　　A. string. find()　　　　　　　　　　B. string. search()

　　C. string. compare()　　　　　　　　D. string. match()

2. 访问列表['a','b','c']中的最后一个元素,应使用以下哪种表示方法?　　　　　(　　)
　　A.['a','b','c'][-1]　　　　　　　　　B.['a','b','c'][2]
　　C.['a','b','c'](3)　　　　　　　　　D.['a','b','c'].get(3)
3. 在字典中添加一个键值对的方法是哪个?　　　　　　　　　　　　　　　(　　)
　　A.字典名.添加(键,值)　　　　　　　B.字典名.update(键=值)
　　C.字典名[键]=值　　　　　　　　　D.字典名.append(键,值)
4. 常见的数据类型中不包括以下哪种类型?　　　　　　　　　　　　　　　(　　)
　　A.整数型　　　　　B.字符串型　　　　　C.列表型　　　　　D.元组型
5. 在正则表达式中,＊表示前面的字符_____。　　　　　　　　　　　　(　　)
　　A.必须出现一次　　　　　　　　　　B.可以不出现或出现多次
　　C.只能出现一次　　　　　　　　　　D.必须出现两次或两次以上
6. 下列哪个函数可以将一个字符串中的字符全部转换为小写?　　　　　　(　　)
　　A.upper()　　　　B.lower()　　　　C.swapcase()　　　　D.title()
7. 在字符串中搜索一个子字符串时,"string.search -查找子串位置"控件的返回值若为-1,则表示_____。　　　　　　　　　　　　　　　　　　　　　　　　　(　　)
　　A.找到了子字符串　　　　　　　　　B.子字符串出现了多次
　　C.没有找到子字符串　　　　　　　　D.出现错误
8. 要拼接两个字符串string1和string2,应该使用以下哪个控件?　　　　(　　)
　　A.string.join　　B.string.split　　C.string.find　　D.string.concat
9. 访问列表['a','b','c']中的第二个元素,应使用以下哪种表示方法?　　　　(　　)
　　A.['a','b','c'][1]　　　　　　　　　B.['a','b','c'][2]
　　C.['a','b','c'](2)　　　　　　　　　D.['a','b','c'].get(2)
10. 字典中键值对的访问方式是_____。　　　　　　　　　　　　　　　(　　)
　　A.字典名[键名]　　　　　　　　　　B.字典名(键名)
　　C.get(字典名,键名)　　　　　　　　D.字典名.键名

二、填空题

1. _____函数可以将字符串中的字符全部转换为大写字母。
2. 在列表中,元素的索引从_____开始。
3. 字典使用_____而不是索引来访问元素。
4. _____模块可以用于处理日期和时间。
5. 正则表达式具有自己的_____和规则。

三、判断题

1. replace()方法可以用来拼接两个字符串。　　　　　　　　　　　　　　(　　)

2. 列表元素的索引从1开始。   (   )

3. 在字典中,键必须是字符串类型。   (   )

4. time()函数可以将时间戳转换为时间字符串。   (   )

5. find()方法用于判断一个字符串是否包含另一个字符串。   (   )

6. append()方法可向列表末尾添加一个元素。   (   )

7. ＋运算符可以用来合并两个字典。   (   )

8. strftime()方法可将时间字符串格式化为时间戳。   (   )

9. split()方法可将字符串按指定分隔符分割。   (   )

10. 在正则表达式中,可以匹配任意一个字符。   (   )

四、简答题

1. 请简要描述字符串的常见操作方法。

2. 请简述列表的常见应用场景。

3. 请说明字典的优点。

4. 请简要介绍正则表达式的基本语法组成。

项目 6 随机生成验证码——控制流

WeAutomate项目一般都需要结构化设计,这也是基本的开发精神,它将复杂的场景抽象成一个一个的模块,并将这些模块进行组装。结构化开发一般包括三种基本结构——顺序结构、选择结构和循环结构,熟练运用这三种结构能够增强代码的可读性和可维护性,使程序的逻辑结构更加清晰和易于理解。

通过完成本项目,读者将学会如何根据特定的条件和要求来设计和实现自动化任务,培养逻辑思维、问题解决和代码设计的能力,提高WeAutomate流程设计的效率和可维护性。本项目的内容主要包括以下几点。

(1)控制流的概念和原则。解释控制流的作用和重要性,强调良好的控制流设计对RPA流程的效率和准确性的影响。

(2)顺序控制结构。讲解如何按照特定的顺序执行不同的任务或操作,引导学习者设计和实现顺序结构。

(3)条件控制结构。介绍如何使用条件语句和逻辑运算符来根据不同的条件执行不同的操作。包括IF语句、CASE语句等的使用方法和实例演示。

(4)循环控制结构。讲解如何使用循环结构实现对任务的重复执行。介绍不同类型的循环结构(如For循环、While循环、DoWhile循环)的应用场景和使用方法。

(5)示例和练习。以随机生成验证码为实例,运用控制流知识解决实际问题。

知识目标

1. 了解RPA中控制流的概念和原则。
2. 理解不同类型的控制结构,如顺序结构、条件结构和循环结构。
3. 学会使用逻辑和条件语句控制RPA流程的执行。

能力目标

1. 能够设计和实现基本的顺序控制结构,确保RPA流程按照指定的顺序执行。
2. 能够运用条件结构,根据特定的条件选择不同的执行路径。
3. 能够使用循环结构,实现对特定任务或操作的重复执行。

素质目标

1. 培养良好的逻辑思维能力，能够根据业务需求设计合理的控制流程。
2. 提高解决问题的能力，能够运用控制流程解决复杂的自动化任务。
3. 提高代码质量和可维护性，使得 RPA 流程更加可靠和易于管理。

6.1　了解控制流概念和原则

控制流是指在 RPA 自动化流程中，根据不同的条件和逻辑规则决定程序的执行路径和顺序。控制流的设计和实现对于确保 RPA 任务的准确执行和高效运行非常重要，是 WeAutomate 自动化流程中的一个关键概念。通过控制流，我们可以实现在不同条件下的任务分支、循环执行和进程串行。控制流主要由顺序结构、条件结构和循环结构组成，这些结构能够帮助我们设计和管理自动化流程的执行逻辑。

主要控制流原则包含以下 3 个类型。

• 顺序执行。按照既定的顺序执行任务，确保每个任务按照特定顺序依次完成。这种顺序执行可以通过设置任务的前后关系和依赖关系来实现。

• 条件执行。根据不同条件的判断结果选择执行不同的任务或操作。使用条件语句（如 IF 语句、CASE 语句）来判断条件，并根据判断结果决定下一步的执行路径。

• 循环执行。在某些情况下，可能需要重复执行相同的任务或操作。循环结构（如 For 循环、While 循环）可以帮助我们实现对特定任务的多次循环执行，直到达到预设条件来终止循环。

通过理解控制流的概念和原则，我们可以更好地设计和管理自动化流程。合理的控制流设计可以提高自动化任务的准确性、效率和可靠性，确保机器人流程自动化系统能够按照预期完成任务，并且具备适应变化和处理异常的能力。

6.2　设计顺序执行程序

顺序结构是 WeAutomate 项目开发中最基本的控制结构之一，也是最常见的控制流结构。顺序结构指的是按照控件的编写顺序，依次执行每一个控件，前一个控件执行完毕，才执行下一个控件，并按照这个顺序一直执行到项目结束。

在顺序结构中，项目按照自上而下的顺序逐行执行，不会跳过任何一个控件。每一个控件都会被依次执行，直到程序结束。这种结构使得代码的执行顺序清晰明确、简单易懂。

在 WeAutomate 项目实践中,顺序结构是相对简单且易于实现的控制流结构。它基本上是按照代码或流程图中控件的顺序依次执行任务。顺序结构中,每个控件在前一个控件执行完后,才会被触发执行。

在实践中,可以通过将控件按照顺序连接起来,并且每个控件的执行都依赖于前一个控件的完成,来确保它们按照特定的顺序执行。这种顺序结构的实现通常是直观和直接的,无需特别的编程技巧或复杂的逻辑。

举例来说,假设有一个 WeAutomate 项目,其中包含了从数据采集到数据处理再到报表生成的任务流程。在顺序结构中,我们可以按照以下步骤操作。

(1)配置数据采集控件,确保其可以正确从指定的数据源读取数据。

(2)配置数据处理控件,将从数据采集控件获得的数据进行处理、清洗或转换。

(3)配置报表生成控件,将处理后的数据转化为报表输出给相应的接收方。

在执行时,控件的顺序结构会保证数据采集在数据处理前完成,数据处理在报表生成前完成。这样,整个流程可以按照一定的顺序顺利运行,确保数据的准确性和任务的顺利完成。

需要注意的是,在顺序结构中,每个控件的执行时间可能会影响整个任务流程的效率。因此,在实践中,我们应该合理优化每个控件的执行步骤,尽量减少等待时间和不必要的资源浪费,以实现更高效的顺序执行。

6.3 设计条件执行程序

条件执行是一种在 RPA 流程中根据特定条件选择执行不同路径或操作的控制流程。通过使用条件语句和逻辑运算符,根据事先定义的条件决定哪些任务会被执行,以适应不同的业务需求。

条件执行是一种控制流程的方法,它根据预设的条件来决定某个任务是否会被执行。在 WeAutomate 流程中,我们使用条件语句来判断特定的条件是否满足,从而选择要执行的任务路径。

6.3.1 单条件语句

条件语句是一种判断特定条件是否满足的语句。在 WeAutomate 中,使用"If-条件分支"控件来实现条件执行。"If-条件分支"控件根据一个条件表达式的真假来决定是否执行其中的任务。条件表达式可以使用比较运算符(如大于、小于、等于)和逻辑运算符(如与、或、非)来构建。根据条件表达式的结果,"If-条件分支"控件会执行特定的任务路径。

条件分支控件如图 6-1 所示,它有两个分支:do 分支和 else 分支。当条件满足时,执行 do

分支;否则,执行 else 分支。条件表达式可以在条件部分进行编辑。条件表达式中可以引用变量,但不支持变量的嵌套。

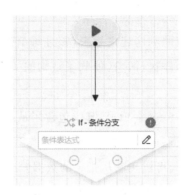

图 6-1 "If-条件分支"控件

接下来,我们使用"If-条件分支"控件实现一个获取月份字符串的程序,要求根据 1～12 的数字返回对应月份的名称。通过在字符串中截取适当子串实现月份名称的查找。问题的关键在于找出子串的剪切位置。使用字符串作为查找表的缺点是,所剪切的子字符串长度必须相同。如果各缩写表示长度不同,还需要其他语句辅助。因为"十一月"和"十二月"是 3 个字,所以需要增加判断语句。

RPA 流程图如图 6-2 所示。

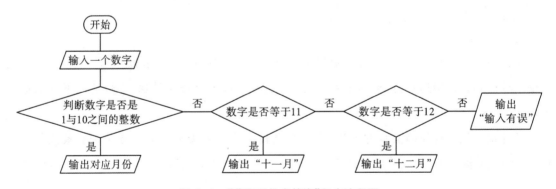

图 6-2 "获取月份字符串"程序流程图

操作过程如下。

(1)打开 WeAutomate Studio,创建一个新的脚本,并将其命名为"获取月份字符串.xml",如图 6-3 所示。

项目6　随机生成验证码——控制流　101

图 6-3　创建脚本

(2)创建一个名为"请输入月份数字"的"inputDialog-输入对话框"控件,输入的内容将被默认保存在名为"inputDialogData"的变量中,其默认类型为字符串类型,如图 6-4 所示。

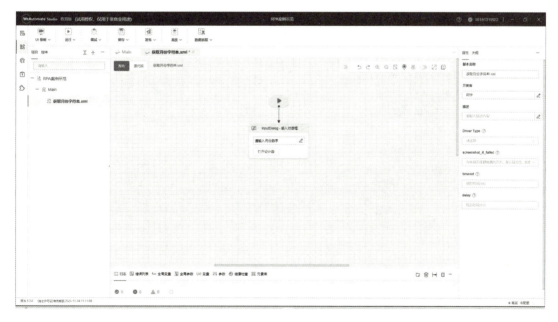

图 6-4　创建输入对话框

(3)创建一个"assign-变量赋值"控件,该控件的作用是将变量 inputDialogData 转换为整数类型,并将结果保存在 monthid 变量中,如图 6-5 所示。

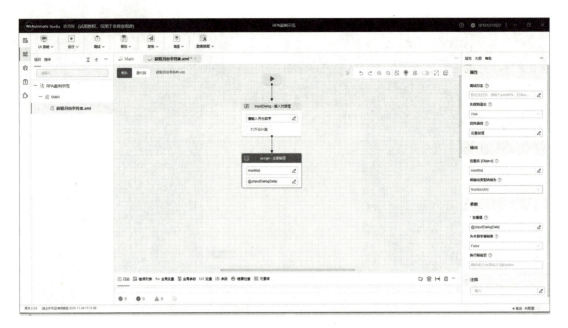

图 6-5　创建"assign-变量赋值"控件

(4)引入第一个"If-条件分支"控件,并设置判断条件为 monthid 是不是 1 与 10 之间(包含 1 与 10)的整数,如图 6-6 所示。

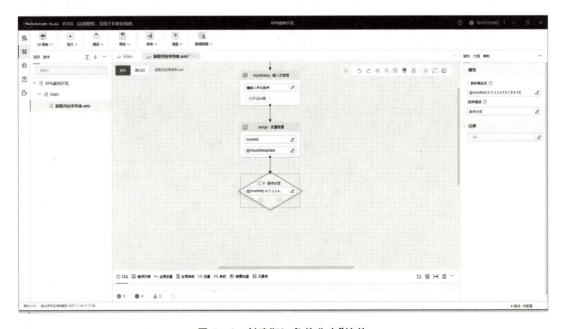

图 6-6　创建"If-条件分支"控件

(5)若 monthid 是 1 与 10 之间(包含 1 和 10)的一个整数,创建第二个"assign-变量赋值"控件,定义新变量 pos,如图 6-7 所示。

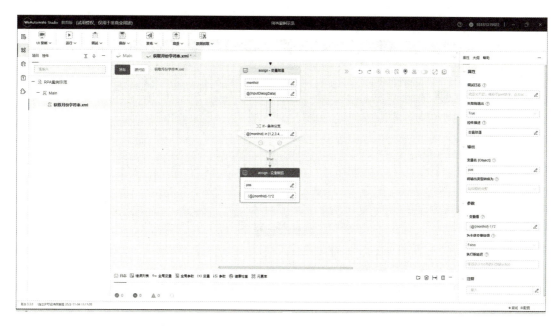

图 6-7　定义变量 pos

创建一个全局参数 monthstr，类型为 String 型，默认值为"一月二月三月四月五月六月七月八月九月十月"，如图 6-8 所示。

图 6-8　设置全局参数 monthstr

创建第一个"eval-运行 python 表达式"控件，来计算最终输出的月份，并将结果保存在变量 monthid 中，如图 6-9 所示。

创建第一个"messageBox-消息窗口"控件，用来输出变量 monthid 的值，如图 6-10 所示。

（6）若 monthid 不是 1 与 10 之间（包含 1 和 10）的一个整数，创建第二个"If-条件分支"控件，判断 monthid 是否等于 11，如图 6-11 所示。

在"True"分支创建第二个"messageBox-消息窗口"控件，并设置输出为"十一月"，如图 6-12 所示。

在"False"分支创建第三个"If-条件分支"控件，判断 monthid 是否等于 12，如图 6-13 所示。

在"True"分支创建第三个"messageBox-消息窗口"控件，并设置输出为"十二月"。

在"False"分支创建第四个"messageBox-消息窗口"控件，并在其中输出"输入有误"。

104 / 机器人流程自动化（RPA）实践教程

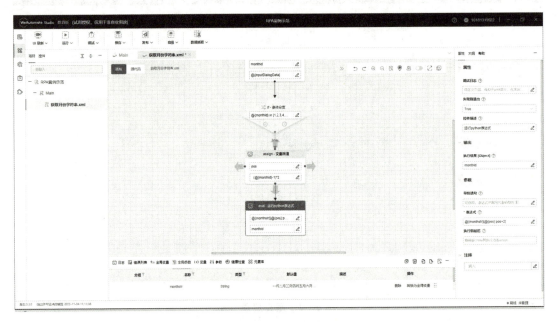

图 6-9 创建"eval-运行 python 表达式"控件

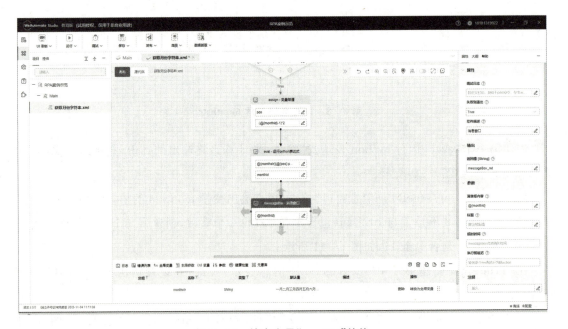

图 6-10 输出变量"monthid"的值

项目 6　随机生成验证码——控制流

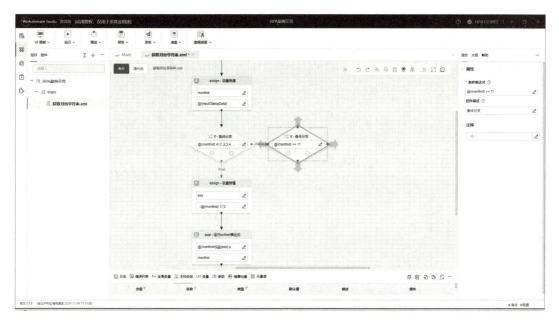

图 6-11　判断 monthid 是否等于 11

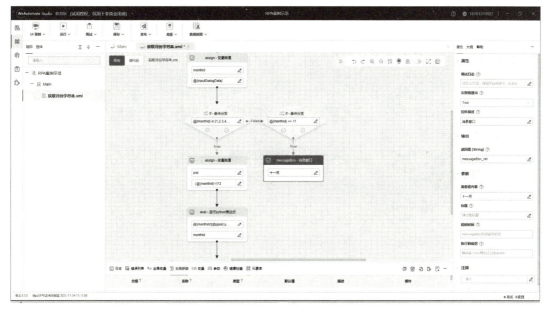

图 6-12　输出"十一月"

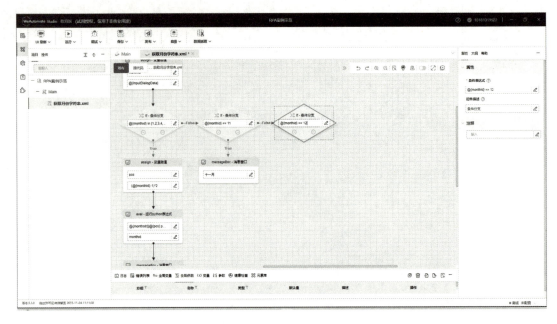

图 6-13　判断 monthid 是否等于 12

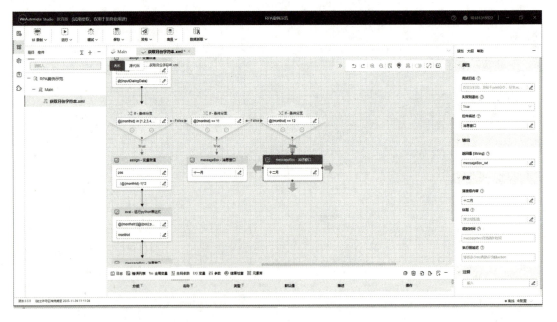

图 6-14　输出"十二月"

项目6　随机生成验证码——控制流

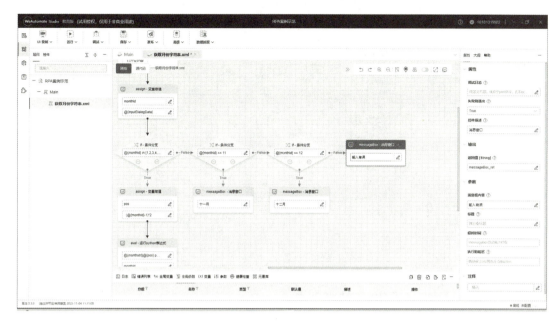

图 6-15　输出"输入有误"

（7）为了验证结果，我们需要进行四次测试。输入"6"，则输出"六月"；输入"11"，则输出"十一月"；输入"12"，则输出"十二月"；输入"13"，则输出"输入有误"。测试结果示例如图 6-16 与图 6-17 所示。

图 6-16　测试：输入"6"

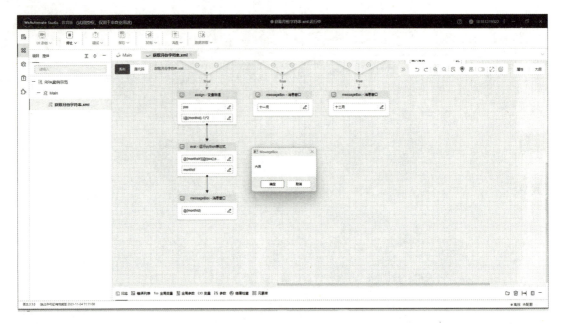

图 6-17　测试结果：输出"六月"

6.3.2　多条件语句

在设计机器人自动化流程时，有时候需要根据不同的条件判断结果执行不同的任务路径。这时，可以使用多分支条件执行的方法，例如使用 MultiIf 语句。MultiIf 语句将给定的条件表达式结果，与多个可能的值进行比较，然后执行相应的任务路径。

接下来，我们利用多条件判断设计 RPA 程序，实现根据用户输入的身高和体重计算 BMI (body mass index，体重指数)值，并根据以下分类标准判断其健康状况的功能。

- BMI < 18.5：过轻
- 18.5 ≤ BMI < 23.9：正常
- 23.9 < BMI ≤ 27：过重
- 27 < BMI ≤ 32：肥胖
- BMI > 32：非常肥胖

RPA 设计流程图如图 6-18 所示。

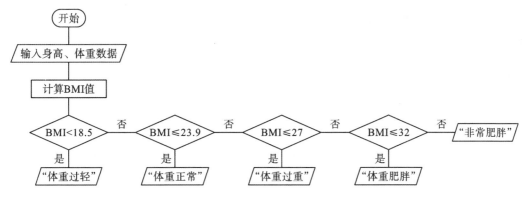

图 6-18 计算 BMI 流程图

WeAutomate 设计器操作流程如下。

(1)定义两个全局变量：height 和 weight，类型均为 Number，默认为空。

(2)引入两个"system.simpleDialog-输入对话框"控件，设置"输入标签内容"分别为"请输入身高(米)"和"请输入体重(公斤)"，并将对应的"对话框内容"分别设置为"height"和"weight"。

(3)引入一个"eval-运行 python 表达式"控件，用于计算 BMI 值。将表达式设置为"float(@{weight}) / (float(@{height}) * float(@{height}))"。

(4)引入一个"MultiIf-多条件分支"控件，根据设计流程图设定四个条件。在"条件表达式 1"中输入"@{BMI} < 18.5"，然后引入一个"messageBox-消息窗口"控件，在内容中输入"您的 BMI 值是@{BMI}，体重过轻"。分别将"条件表达式 2""条件表达式 3""条件表达式 4"设置为"@{BMI} <= 23.9""@{BMI} <= 27""@{BMI} <= 32"，并在每个条件中分别引入一个"messageBox-消息窗口"控件，显示内容分别为"您的 BMI 值是@{BMI}，体重正常""您的 BMI 值是@{BMI}，体重过重""您的 BMI 值是@{BMI}，体重肥胖"。在多条件分支的"else"路径中再次引入一个"messageBox-消息窗口"控件，显示内容为"您的 BMI 值是@{BMI}，非常肥胖"。

(5)运行程序，输入测试数据，设置 height=1.8，weight=75，获得 BMI 值以及对应的判断结果，如图 6-19 所示。

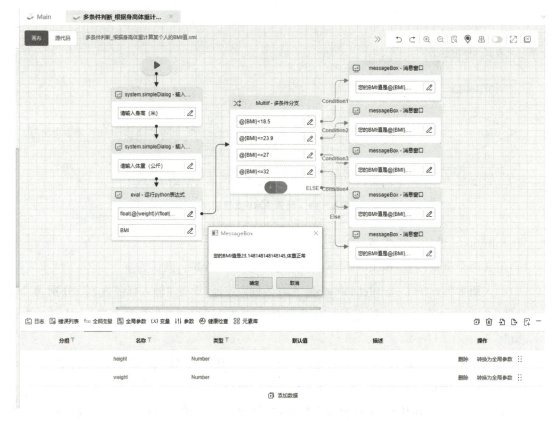

图 6-19　程序示例:计算 BMI

6.4　设计循环执行程序

循环执行是一种在 WeAutomate 设计中重复执行特定任务或操作的控制流程。通过使用循环结构,我们可以定义一个或多个任务的重复执行次数或条件,以实现对重复性任务的自动化处理。

在 WeAutomate 设计中,循环执行可以根据预设的条件或指定的次数重复执行特定任务或操作。循环执行允许我们以有效且高效的方式处理需要重复执行的操作,节省时间和精力。

循环结构是实现任务重复执行的关键。在 RPA 中,常用的循环结构包括 DoWhile 循环和 While 循环。

(1) While 循环:一种满足特定条件时重复执行任务的循环结构。我们通过设置一个循环条件来判断是否继续执行循环体中的任务。只有当循环条件为真时,循环才会继续执行。

(2) DoWhile 循环:这是另一种循环结构,在执行循环体中的任务后,会先判断循环条件,如果条件满足,则继续执行下一次循环。与 While 循环不同,DoWhile 循环至少会执行一次循环体中的任务,即使循环条件一开始就不满足。

在某些情况下，可能需要在循环内部嵌套另一个循环。这种嵌套循环的结构允许我们在特定条件下重复执行任务，并进一步控制更细节的操作。

通过使用循环结构，我们可以设置循环变量、循环条件和循环体，以控制任务的重复执行，实现灵活的流程处理。

例如，可以按照以下步骤计算表达式 $1+2+3+4+\cdots+100$ 的结果。

(1) 引入两个全局变量：i 和 SUM，类型均为 Number，默认值分别设置为 1 和 0。

(2) 引入一个 While 条件循环控件，并设置条件表达式为"$i<=100$"。

(3) 进入循环体，引入两个"eval -运行 python 表达式"控件。第一个控件的表达式设置为"SUM=@{SUM}+@{i}"，用于更新 SUM 的值。第二个控件的表达式设置为"$i = @\{i\} + 1$"，用于更新循环变量 i 的值。

(4) 在循环体内完成以上操作后，点击另一方向的箭头，跳出循环。

(5) 引入一个"messageBox -消息窗口"控件，将内容设置为"@{SUM}"，即计算得出的结果。

运行该程序则可以计算出表达式 $1+2+3+4+\cdots+100$ 的结果，并在消息窗口中输出该结果，如图 6-20 所示。

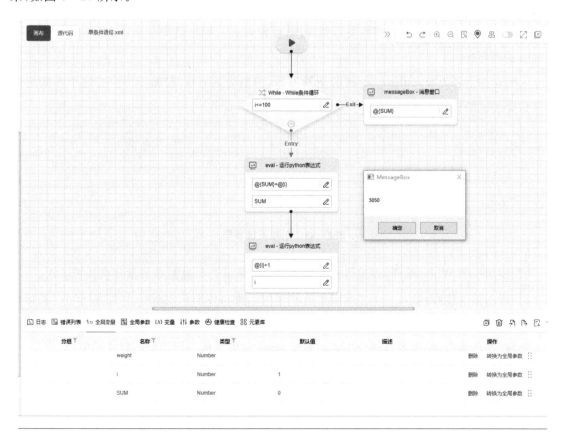

图 6-20　程序示例：计算 $1+2+3+4+\cdots+100$

在某些情况下,可能需要在循环执行中提前终止循环。为了实现这一功能,循环结构通常提供了退出循环的语句(如跳出循环、跳出当次循环控件),可以在特定条件下跳出当前循环体,继续执行后续的任务。

6.5 实训任务:随机生成验证码

很多网站的注册登录业务都加入了验证码技术,以区分用户是人还是计算机,从而有效地防止刷票、论坛灌水、恶意注册等行为。目前验证码的种类层出不穷,其生成方式也越来越复杂,最常见的是由大写字母、小写字母、数字组成的六位验证码。

本实训任务要求设计程序,实现随机生成六位验证码的功能。

六位验证码由6个字符组成,每个字符都是随机字符,要实现随机字符的功能需要用到随机数模块 random。使用 random 模块生成六位验证码的基本思路如下。

(1)首先创建系统参量,如图 6-21 所示。

• 创建一个名为"i"的全局变量,类型为 Number,初始值为 1。这个变量用于控制循环的次数。

• 创建一个名为"code_list"的全局参数,类型为 Array,初始值为空。这个参数用于存储生成的验证码列表。

• 创建一个名为"comfirm_code"的全局参数,类型为 String,初始值为空。这个参数用于存储最终生成的验证码字符串。

i	Number	1
comfirm_code	String	
code_list	Array	

图 6-21 创建系统参量

(2)使用一个 While 循环,设置终止条件为 i 小于或等于 6,这意味着循环将执行 6 次。

(3)进入循环体后,导入一个生成随机数的模块。使用该模块生成一个名为"state"的随机整数,范围是 1 和 3 之间(包括 1 和 3)。

(4)在循环体内,使用多条件分支语句根据 state 的值生成不同类型的验证码字符。

①如果 state 的值为 1,生成一个介于 65 和 90 之间的随机整数,将其转换为对应的大写字母,并将该字母添加到 code_list 中。

②如果 state 的值为 2,生成一个介于 97 和 122 之间的随机整数,将其转换为对应的小写字母,并将该字母添加到 code_list 中。

③如果state的值为3,生成一个介于0和9之间的随机整数,并将该数字添加到code_list中。

(5)在每次循环结束后,将变量i自增1,控制循环次数。

(6)当i自增到6时,跳出While循环。

(7)接下来,将遍历code_list列表中的每个元素,并将它们依次添加到字符串comfirm_code的末尾,生成最终的验证码字符串。

(8)最后,使用"messageBox-消息窗口"控件显示comfirm_code字符串,以显示生成的六位随机验证码。

程序整体结构如图6-22所示,将项目保存后运行,即得到对应的随机验证码。

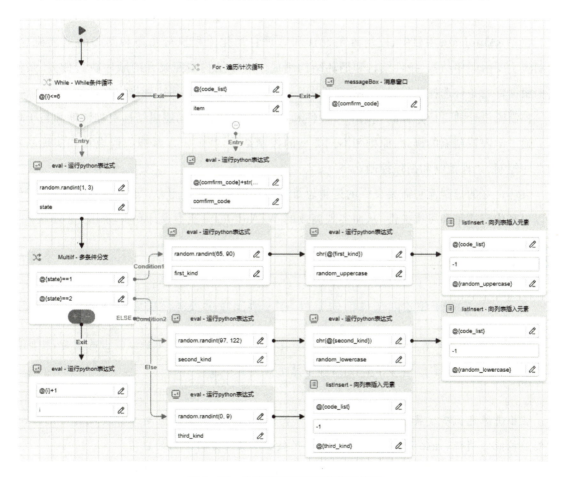

图6-22 生成验证码程序整体结构图

以上程序的设计思路为:循环体设置为多条件分支;导入random模块;创建一个空字符串code_list;生成6个随机字符逐个拼接到code_list后面。

生成6个随机字符是验证码功能的核心部分。为确保每次生成的字符类型只能为大写字母、小写字母、数字中的任意一种，可以先使用 1、2、3 分别代表这 3 种类型：

若产生随机数 1，代表生成大写字母；

若产生随机数 2，代表生成小写字母；

若产生随机数 3，代表生成数字。

此外，为确保每次生成的是所选类型中的字符，这里需要按三种类型给随机数指定范围，数字类型对应的数值范围为 0~9，大写字母对应的 ACSII 码范围为 65~90，小写字母对应的 ACSII 码范围为 97~122。

6.6 项目小结

在 WeAutomate 项目中，控制流是设计和管理自动化流程执行顺序和路径的重要概念。控制流主要由顺序结构、条件结构和循环结构组成。顺序结构按照设计的顺序执行任务，条件结构根据特定条件选择执行路径，循环结构用于重复执行任务，直到达到指定条件结束循环。

控制流设计的目标是提高代码的可读性和可维护性，使程序的逻辑结构更加清晰和易于理解。通过学习控制流的概念、原则和不同类型的控制结构，我们可以掌握如何设计和实现基本的顺序控制、条件控制和循环控制。

设计良好的控制流程需要良好的逻辑思维能力和解决问题的能力。通过实践和练习，我们可以提高代码质量和可维护性，从而实现高效的 WeAutomate 流程设计和自动化任务处理。

前沿资讯

《2024 年政府工作报告》对 RPA 协助推进绿色低碳发展的要求

"加强生态文明建设，推进绿色低碳发展。深入践行绿水青山就是金山银山的理念，协同推进降碳、减污、扩绿、增长，建设人与自然和谐共生的美丽中国。"

——《2024 年政府工作报告》

在推进绿色低碳发展的目标下，RPA 可以辅助能源管理和环境监测工作实现自动化，比如智能监控能源消耗、优化资源配置，以及在环保数据收集与分析方面的应用。

RPA 与推进绿色低碳发展之间存在间接但重要的联系，主要通过提高效率、减少资源消耗和优化工作流程来促进环境保护和实现可持续发展目标，与实际情景的结合可以包含以下几个方面。

（1）提升能效和减少碳足迹。RPA 通过自动化处理大量日常办公任务，如数据录入、文件处理、报告生成等，减少了人为操作，从而降低了对电力和纸张等资源的消耗。这不仅提高了工作效率,也减少了能源使用,间接降低了碳排放。

(2)优化供应链管理。在供应链中,RPA 能够自动跟踪库存、订单处理和物流信息,提高物流效率,减少库存积压和过度生产,进而降低运输过程中的碳排放。通过精准预测和优化调度,还可以减少空驶里程、节约燃料和减少排放。

(3)促进能源管理。在能源行业,RPA 可以用于监控能源使用情况,自动调整设备运行状态,避免能源浪费。例如,通过自动化控制建筑的照明、空调系统,确保在非工作时间或无人时关闭,实现能源的高效利用。

(4)数据分析与决策支持。RPA 结合大数据分析,能快速处理海量环境和业务数据,帮助企业识别节能减排的机会,比如通过分析生产过程中的能耗数据来发现效率低下的环节,进而采取措施进行优化。准确的数据分析有助于企业制定更科学的绿色发展战略。

(5)环境合规性管理。RPA 可以自动化追踪环境法规遵守情况,监控排放数据,确保企业符合环保标准,避免因违规而产生的额外罚款或资源浪费。同时,自动化报告功能可以简化环境报告流程,减少人为错误,提高数据准确性。

(6)减少物理交通需求。通过远程办公和在线协作,RPA 可以帮助员工处理更多工作流程,减少员工通勤和差旅需求,从而减少交通工具的碳排放。

综上所述,RPA 通过提高工作效率、减少资源消耗、优化管理流程以及支持数据驱动的决策,间接促进企业的绿色低碳转型和环境可持续发展,是实现绿色经济的重要技术支撑之一。

课后练习

一、选择题

1. 控制流是指在 RPA 自动化流程中,根据不同的条件和逻辑规则决定程序的执行路径和顺序。控制流的设计和实现对于确保 RPA 任务的准确执行和高效运行非常重要。以下哪个选项最准确地描述了控制流的作用? ( )

    A. 控制流决定 RPA 流程的运行效率

    B. 控制流保障 RPA 任务的准确执行

    C. 控制流提高 RPA 流程的可读性和可维护性

    D. 控制流使 RPA 逻辑结构更加清晰和易于理解

2. 顺序结构是 WeAutomate 开发中最基本的控制结构之一,它指的是按照控件的编写顺序,依次顺序执行每一个控件。顺序结构的编写顺序需要遵循以下哪个原则? ( )

    A. 自下而上 B. 自左向右

    C. 自上而下 D. 自右向左

3. 哪种控制流结构最适合用来实现"当满足某个条件时,反复执行一块代码,直到条件不再

满足"？ （   ）

  A. if 语句　　　　B. for 循环　　　　C. while 循环　　　　D. pass 语句

4. 在 WeAutomate 中，以下哪个控件用于实现条件执行？ （   ）

  A. For　　　　　　B. While　　　　　　C. DoWhile　　　　　D. If

5. 以下哪种循环结构至少会执行一次循环体中的任务，即使循环条件一开始就不满足？

（   ）

  A. For 循环　　　　B. While 循环　　　　C. DoWhlie 循环　　　D. If 循环

6. 流控语句设计中，使用以下哪项控制结构可以帮助避免代码重复，并提高代码的可读性？

（   ）

  A. 循环（for/while）　　　　　　　　B. 条件语句（if/elif/else）

  C. 函数（def）　　　　　　　　　　　D. 列表推导式

7. 以下哪个选项不属于控制流中的基本控制结构？

  A. 顺序结构　　　　B. 条件结构　　　　C. 循环结构　　　　D. 并发结构

8. 以下哪个选项描述了顺序控制结构的特点？

  A. 根据条件选择执行不同路径或操作　　B. 实现任务的重复执行

  C. 按照特定顺序执行任务　　　　　　　D. 控制任务的并发执行

9. 在 WeAutomate 中，"If-条件分支"控件用于实现单条件语句的条件执行。以下哪个选项描述了该控件的运行原理？ （   ）

  A. 根据条件表达式的真假决定是否执行特定任务路径

  B. 根据条件表达式的结果选择执行不同的任务路径

  C. 根据条件表达式的优先级选择执行特定任务路径

  D. 根据条件组合的结果执行特定任务路径

10. 循环执行是一种在 WeAutomate 设计中重复执行特定任务或操作的控制流程。以下哪个选项描述了循环执行的作用？ （   ）

  A. 根据预设条件选择执行特定的任务路径

  B. 实现任务的顺序执行

  C. 处理需要重复执行的部分

  D. 控制任务的并发执行

二、填空题

1. 顺序结构指的是按照控件的编写顺序，依次顺序执行每一个控件，确保任务按照_____依次完成。

2. 条件执行是一种在 RPA 流程中根据特定_____选择执行不同路径或操作的控

制流程。

3. "If-条件分支"控件用于实现条件执行,根据一个条件表达式的_____来决定是否执行其中的任务。

4. 循环结构是一种重复执行特定任务或操作的控制流程,常用的循环结构包括_____循环和 While 循环。

5. 循环执行允许我们以有效和_____的方式处理需要重复执行的部分。

三、判断题

1. 控制流设计对 RPA 流程的运行效率没有影响。 ( )
2. 顺序控制结构是 WeAutomate 开发中最基本的控制结构之一。 ( )
3. 条件执行是通过使用条件语句和逻辑运算符来根据不同的条件执行不同的任务。( )
4. While 循环是一种满足特定条件时重复执行任务的循环结构。 ( )
5. For 循环至少会执行一次循环体中的任务,即使循环条件一开始就不满足。 ( )
6. 控制流的设计能够提高代码的可读性和可维护性。 ( )
7. 顺序结构可以帮助我们按照特定的顺序执行任务,并确保每个任务按照特定顺序依次完成。 ( )
8. 条件结构是一种控制流程的方法,它根据预设的条件来决定某个任务是否会被执行。
( )
9. DoWhile 循环是一种满足特定条件时重复执行任务的循环结构。 ( )
10. 循环执行是一种通过预设的条件或指定的次数重复执行特定任务或操作的控制流程。
( )

四、简答题

1. 请简要介绍控制流的概念和作用。

2. 解释顺序结构的特点并举例说明。

3.请描述条件执行的原理,并举例说明条件执行的应用场景。

4.请简述循环结构的作用和常见的循环类型,并举例说明循环结构的使用场景。

5.请简要说明控制流的设计对代码的影响,并提出至少两点建议。

项目 7 检索 RPA 的应用——网页自动化

网页自动化是 RPA 中的一个重要应用领域。通过 RPA 网页自动化,我们可以让机器人模拟人类用户在网页上的操作,自动完成各种任务。RPA 网页自动化具有许多优势,它可以大大提高工作效率,减少人工操作的时间和错误。机器人可以快速、准确地执行各种网页操作,如点击、填写表单、提取数据等,可以帮助企业提高效率、降低成本,并释放人力资源。它在各个行业和领域都有广泛的应用前景,为企业带来了巨大的竞争优势。

通过学习本项目内容和实施实训任务,读者将具备使用 RPA 进行网页自动化的基础知识和技能,能够灵活应用 RPA 技术解决实际问题、提高工作效率,并培养创新思维和解决问题的能力。

知识目标

1. 了解 RPA 在网页自动化领域的应用场景和优势。
2. 熟悉利用 UISelector 和 Devtools 工具定位网页元素的方法。
3. 掌握 XPath 语法和基本定位路径。
4. 熟悉常用的 Web 网页自动化控件,如浏览器操作、表格操作、鼠标操作、键盘操作等。

能力目标

1. 能够准确地定位和识别网页中需要操作的元素。
2. 能够使用 XPath 语法进行节点定位和数据提取。
3. 能够根据实际需求,组合和编辑 Web 网页自动化控件,设计和实现自动化操作流程。

素质目标

1. 培养解决问题和创新思维的能力,通过 RPA 网页自动化提高工作效率和降低成本。
2. 培养自主学习和探索的能力,通过实践掌握新技术和新工具的使用方法。

7.1 网页元素定位

实现网页自动化的第一步是要能够准确定位到需要操作的网页元素,网页元素定位的方式有很多，本书主要讲述两种定位方式，分别是 WeAutomate 中的 UISelector 定位和 Chrome 浏览器自带的 Devtools 工具定位。

7.1.1　使用 UISelector 定位

UISelector 是 WeAutomate Studio 内置的获取网页元素的工具。可以在相关网页操作控件及其属性面板中找到 UISelector 的拾取按钮和编辑菜单，如"click-鼠标单击网页元素""type-在网页中输入文本""hasElement-网页元素是否存在"等控件。以"click-鼠标单击网页元素"控件为例，控件中的拾取按钮和编辑菜单如图 7-1 所示。

图 7-1　鼠标单击网页元素控件中的 UISelector 拾取按钮和菜单

用户可以通过元素拾取按钮在网页中选择任意目标元素，选中后目标元素的选择器详细信息可以在目标元素属性或源代码中查看。UISelector 会在选择元素后自动回到画布。若未选择任何元素，可按 Esc 键退出并返回画布。

在完成目标元素拾取之后需要查看或者修改目标元素信息，可以点击控件目标元素编辑按钮打开编辑器界面。编辑器有两种模式，分别是代码模式和树模式。一般情况下，定位目标元素的 XPath 及 CSS(cascading style sheets，层叠样式表)等位置信息会自动获取，不需要额外输入和编辑，尤其是元素所在的页面是静态页面时。如果需要编辑，两种编辑模式下都提供了一些常用的功能，分别如图 7-2 和图 7-3 所示，编辑器默认打开的是代码模式。

两种编辑模式下都包含"校验元素""修复元素"和"参数化"三个按钮，分别实现以下功能。"校验元素"能够通过定位元素在屏幕上的位置并闪烁提示来标明当前元素所在的位置。需要注意的是，元素校验不支持校验的元素中包含参数或者变量。"修复元素"用于拾取两个不同页面的相似元素，对元素信息的页面差异进行模糊处理，实现页面或者页面里的元素的模糊匹配。"参数化"用于拾取一个当前页面的相似元素，自动提取目标元素和相似元素中的可参数化部分，并实现元素的参数化。

在代码模式下，编辑器中有图 7-2 中标注的①—⑤号按钮，分别实现以下功能：

①使用适当的缩进和换行符格式化 JSON 数据；

②压缩 JSON 数据，删除所有空格；

③内容排序；

④筛选、排序，或者转换内容；

⑤修复 JSON，修复引号和转义符，删除注释和 JSONP 表示法，将 JavaScript 对象转换为 JSON 对象。

图 7-2　代码模式下的元素编辑器

树模式下的编辑界面如图 7-3 所示，各按钮的功能如下：

①展开所有字段；

②缩进所有字段；

③内容排序；

④筛选、排序，或者转换内容；

⑤撤销上次动作；

⑥重做；

⑦搜索内容。

图 7-3 树模式下的元素编辑器

在修改目标元素内容时,多数情况下使用的是代码编辑模式。UISelector 捕获到的目标元素信息是一个 JSON 对象,包括浏览器信息、窗口定位信息、iframe 层定位信息、元素节点定位信息等。其中 iframe 层定位信息不是必须的。窗口定位信息、iframe 层定位信息及元素节点定位信息都支持模糊匹配,可以包括多个定位信息,拾取到的信息只要有一个正确即可继续,多个定位信息之间是"或"的关系。需要注意的是,在元素定位信息中,"ControlType:element"项不可更改删除,整个目标元素内容需要保持 JSON 格式。

7.1.2 延迟拾取

大多网页的次级菜单,往往需要点击上级菜单才能展示,但是在焦点离开浏览器到 WeAutomate Studio 上点击拾取按钮时,次级菜单又会隐藏,这将导致我们无法拾取二级菜单。

在这种场景下,我们可以使用延迟拾取功能。

(1)直接点击拾取按钮,和先前功能一致,在桌面右上角会出现 Web 应用元素拾取器窗口,如图 7-4 所示,设置延迟拾取时间。

(2)按下快捷键 F2,开启倒计时。倒计时内,用户操作不会被拾取,倒计时结束后即可正常进行拾取操作,如图 7-5 所示。

图 7-4 Web 应用元素拾取窗口   图 7-5 倒计时中的 Web 应用元素拾取窗口

7.1.3 使用 Devtools 工具定位

前面介绍的 UISelector 拾取器一般用于拾取静态的网页元素,如果网页中存在动态网页元素,则需要手动定位网页元素,在这种情况下可以使用 Chrome 浏览器自带的 Devtools 工具,该工具的使用步骤如下。

(1)打开 Devtools 工具界面。有两种方式,一种是在打开的页面中右键点击需要定位的元素,在弹出的菜单中点击"检查"菜单,如图 7-6 所示,即可进入 Devtools 界面。另一种方式是在打开的页面中按 F12 键或 Ctrl+Shift+I 组合键打开 Devtools 界面。

(2)如果是以右键"检查"菜单的方式进入 Devtools 界面,Devtools 中的"元素"页面(如果 Chrome 浏览器的语言设置是英文,则为"element"页面)会自动高亮显示右键点击元素的 HTML 结构。如果高亮显示的元素不是想要的目标元素,可以在 Devtools 工具中,点击"inspect"按钮(或 Ctrl+Shift+C 组合键),在鼠标滑过网页元素时,对应的网页元素会高亮显示,如图 7-7 所示,点击网页中的目标元素后即可进入图 7-8 所示的界面。

(3)在图 7-8 中右键单击高亮的 HTML 语句,选择"复制 XPath",拷贝出来的路径为 "//*[@id="gridTable"]/table/tbody/tr[1]/td[2]/a"。

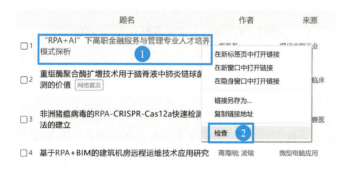

图 7-6 以右键"检查"方式打开 Devtools 界面

图 7-7 使用"inspect"按钮高亮选择目标元素

图 7-8 Chrome 浏览器的 Devtools 界面

7.2 XPath 基础

前面用 Devtools 工具复制出的字符串为 XPath 路径，XPath 即 XML 路径语言（XML Path Language），是用于在 XML 文档中定位和选择节点的查询语言，也常用于 HTML 网页查询。它是一种表达式语言，可以通过路径表达式来遍历和搜索 XML 文档的元素和属性。XPath 提供了一种简洁而强大的方式来定位 XML 文档中的特定部分，使得数据提取和处理变得更加方便。XPath 不仅可以用于定位和选择节点，还可以用于提取节点的文本内容、属性值等。它在 XML 文档的处理和解析中非常常用，被广泛应用于各种领域，如 Web 开发、数据抓取、XML 转换等。

7.2.1 XPath 语法

XPath 的基础语法如图 7-9 所示。

一条 XPath 主要包含两部分，第一部分是定位节点的路径，第二部分是过滤条件。节点路径使用"/"来指定节点的层次关系，使用 nodename 或者"*"来匹配节点标签名称。过滤条件主要用于在节点路径无法精确匹配到具体的某个节点的情况下，根据节点的属性值进行筛选。

将它用方括号括起来,括号里面主要包括属性名(前面用"@"标注)、数值运算符及属性值等,如果存在多个过滤条件,括号内还包括多个条件之间的逻辑运算符。

图 7-9　XPath 基础语法

7.2.2　绝对定位和相对定位

XPath 定位有两种类型,一种是绝对定位,一种是相对定位。绝对定位是从根节点直接逐层逐级定位到目标元素,它以单斜杠"/"开头,而且定位必须从根节点开始,在 HTML 应用场景中,通常以"/html"开头;相对定位以双斜杠"//"开头,可以从在网页对应的 DOM(document object model,文档对象模型)结构中的任意位置开始选择元素。

绝对定位和相对定位各有优缺点。绝对定位的优点是精确,可以准确地定位到目标节点,适用于已知网页结构且该结构不会发生变化的情况。然而,绝对定位的缺点是路径可能会很长且复杂,当网页结构发生变化时,会定位失败,需要修改路径。相对定位的优点是路径相对简单,不依赖于网页的整体结构,更具灵活性。当网页结构发生变化时,相对定位可以更好地适应变化。然而,相对定位的缺点是相对性较强,可能会受到上下文的影响,需要注意当前节点的位置。

7.3　认识常用的 Web 网页自动化控件

在项目 3 中已经介绍过网页的 UI 录制,RPA 可以通过回放录制的脚本完成网页的自动化操作,是一种十分便捷的流程设计方式,但是 UI 录制的灵活性、稳定性不佳,华为 WeAutomate 提供了另一种更加灵活、稳定、可靠的方式实现网页自动化,即通过 Web 操作命令编辑操作流程的方式。WeAutomate Studio 为网页自动化提供了一系列控件,它们位于控件栏"UI 自动化"→"Web 应用自动化"分类中,包括浏览器操作、表格操作、鼠标操作、键盘操作和通用操作等,如图 7-10 所示。这些控件可以根据实际需求衔接组合起来,实现相应的功能。

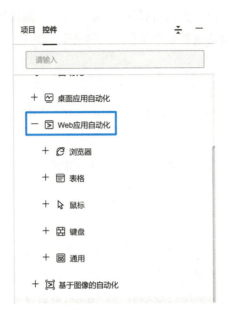

图 7-10　WeAutomate Studio Web 应用自动化控件菜单

7.3.1 "click-鼠标单击网页元素"控件

click 是网页自动化中最常用的操作之一，WeAutomate Studio 提供了"click-鼠标单击网页元素"控件，它可以模拟真实的鼠标点击事件，模拟用户点击按钮、链接等操作，它的参数如图 7-11 所示。

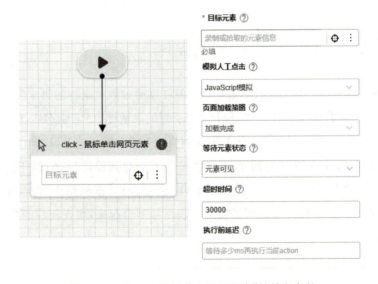

图 7-11　"click-鼠标单击网页元素"控件和参数

"click-鼠标单击网页元素"控件包含"目标元素""模拟人工点击""页面加载策略""等待元素状态""超时时间"及"执行前延迟"等参数。

目标元素是必填参数，点击元素拾取按钮即可在打开的页面中选择目标元素。

"模拟人工点击"有"硬件事件""JavaScript 模拟"和"Chromium API"三种方式，默认是"JavaScript 模拟"（三者的具体区别可以查看 WeAutomate Studio 中该控件的帮助说明），推荐的优先级是"Chromium API"＞"JavaScript 模拟"＞"硬件事件"，如果采用"JavaScript 模拟"方式，需要注意的是在某些情况下，"JavaScript 模拟"的点击可能会被浏览器阻止，出现这种情况时，需要在浏览器中设置"始终允许 JavaScript"。

"页面加载策略"包括"加载完成"和"加载中"两个选项，前者表示等待页面加载完成后再进行点击操作；后者表示不必等待页面加载完成，在页面加载过程中即可进行点击操作，默认的选项是"加载完成"。需要注意的是，该参数不适用于异步的 ajax 请求。

"等待元素状态"包括"元素可见"和"元素存在"两个选项，前者表示等待元素可见后再进行后续操作；后者表示等待元素加载到 DOM 中后即可进行后续操作。默认的选项是"元素可见"。

"超时时间"和"执行前延迟"参数比较简单，读者可以自行查看帮助。

7.3.2 "type-在网页中输入文本"控件

在网页自动化中，经常会需要在网页中输入一些文本内容，"type-在网页中输入文本"控件就是用于对网页中的输入控件设置文本内容，模拟人的输入操作，该控件及其关键参数如图 7-12 所示。

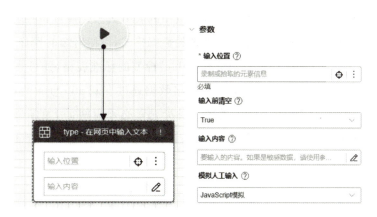

图 7-12 "type-在网页中输入文本"控件及其关键参数

该控件包括输入位置、输入内容等参数，输入位置可以通过 UISelector 在网页上选取，输入内容可以传入字符串值或者变量。输入前清空参数用于表示输入的内容是追加在已有内容后还是清空输入控件后再输入，默认是清空。其他参数与此前介绍的控件参数类似，读者可以自行查看帮助。

7.3.3 "getText-获取网页文本"控件

"getText-获取网页文本"控件是 Web 应用自动化的常用控件之一,用于获取指定网页元素中的文本,并将获取到的文本通过变量返回,常用于识别并返回网页元素的文本信息,也可以通过获取网页特定元素的文本判断网页是否加载完成。该控件及其关键参数如图 7-13 所示。

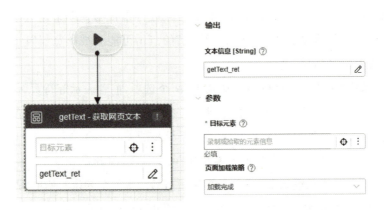

图 7-13 "type-在网页中输入文本"控件及其关键参数

该控件参数比较简单,其中关键参数"目标元素",可以通过 UISelector 拾取,返回的文本信息默认保存在 getText_ret 变量中,变量名可以根据需要修改。

7.3.4 "getTable-获取网页表格"控件

"getTable-获取网页表格"控件用于获取网页中的表格数据。通过该控件,RPA 机器人可以识别表格的结构和内容,并将其转化为可处理的数据格式,以便后续的操作和分析。"getTable-获取网页表格"控件只支持网页中的带有"table"标签的标准表格,并且支持分页数据的获取,它的参数如图 7-14 所示。控件获取到的表格数据通过 getTable_ret 变量返回,变量类型默认为 Dataframe,也可以修改为 Array 类型。目标元素必须为网页上的带有 table 标签的对象,可以使用 UISelector 获取。如果表格有多页,该控件还支持通过 UISelector 获取下一页按钮元素,自动获取多页的数据。

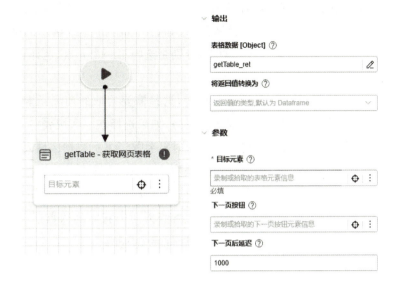

图 7－14 "getTable－获取网页表格"控件及其关键参数

7.3.5 "extractWebData－网页数据拾取"控件

在网页自动化中获取网页表格数据，除了使用上一节中介绍的"getTable－获取网页表格"控件，WeAutomate Studio 还为我们提供了一个功能更加强大、使用更加便捷的控件，即"extractWebData－网页数据拾取"控件，该控件支持整表或指定列区域表数据的提取，支持多页（指定页数）自动抓取，支持相似元素数据抓取（即相同标签的元素数据提取），支持将拾取的数据保存成 Excel 文件，而且提供向导式页面对数据拾取规则进行配置，如图 7－15 所示。

图 7－15 "extractWebData－网页数据拾取"控件及其关键参数

"extractWebData-网页数据拾取"控件的关键参数包括"拾取规则"和"文件保存路径"等,这些参数均可以通过点击图7-15中"选择数据"按钮打开如图7-16所示的网页数据获取向导界面进行配置。网页数据获取向导共有四步,分别是选择第一个元素、选择相似元素、规则设置和结果预览。

在选择第一个页面元素时,需要使用拾取功能,选择需要拾取的列表元素。在选择相似元素页面时,可以选择获取整个表格还是获取区域表格,如果选择获取区域表格,还需要使用拾取功能选择要拾取的表格范围,需要注意的是在拾取时需要保证末页数据区域大于拾取区域。在规则设置页面,需要勾选"文本""链接"选项作为获取内容,配置获取的页数以及下一页按钮位置等,还可以勾选"数据保存到本地文件"选项并配置保存路径实现将获取的数据保存到本地Excel文件中。最后一步结果预览中,可以预览在当前页面中获取到的数据,并对表头进行配置和修改。每步的具体设置将在后续实训任务中进行详细介绍。

图7-16 "extractWebData-网页数据拾取"控件参数配置向导

7.4 实训任务:检索 RPA 的应用

7.4.1 任务情境

为了在练习网页自动化的同时,进一步了解 RPA 的应用,本任务设计 RPA 程序,在综合在线数据库平台——中国知网检索 RPA 关键字,自动获取相关研究文献的题名、作者、发表时间等内容。

7.4.2 任务分析

首先在知网上检索"RPA"关键字,再对检索网页元素进行分析,最后按要求获取相关内容。实现本任务需要完成打开知网、输入关键字、点击搜索按钮、获取网页表格、遍历表格内容、显示/保存检索内容等操作。

7.4.3 任务实施

根据任务情境和任务分析,本节实训内容的脚本流程图如图 7-17 所示,根据图中流程,业务流程步骤如表 7-1 所示。

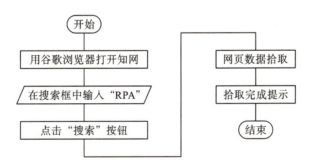

图 7-17 检索 RPA 应用脚本流程图

表 7-1 业务流程步骤

序号	步骤	活动	注意事项
1	创建"检索 RPA 应用"脚本	新建子脚本	—
2	用谷歌浏览器打开知网	在脚本中添加"openurl-打开网页"控件	选择已安装的浏览器,确保相应的浏览器插件正确安装并启用
3	在搜索框中输入"RPA"	在脚本中添加"type-在网页中输入文本"控件	—

续表

序号	步骤	活动	注意事项
4	点击"搜索"按钮	在脚本中添加"click-鼠标单击网页元素"控件	—
5	网页数据拾取	在脚本中添加"extractWebData-网页数据拾取"控件,配置拾取规则和文件保存路径	—
6	拾取完成提示	在脚本中添加"messageBox-消息窗口"控件	—
7	结果验证	运行"检索 RPA 应用"子脚本,提示运行完毕后,打开保存的 Excel 文件,查看并验证保存的数据	注意手动调整 Excel 列宽以查看完整的文本

详细步骤如下。

(1)创建"检索 RPA 应用"脚本。打开 WeAutomate Studio,创建一个新的子脚本,并将其命名为"检索 RPA 应用",如图 7-18 所示。

图 7-18 创建子脚本

(2)用谷歌浏览器打开知网。在新建的子脚本中添加"openurl-打开网页"控件,选择已安装的浏览器,以谷歌浏览器为例,需要确保相应的浏览器插件正确安装并启用。在网页地址参数中输入知网的首页地址"https://kns.cnki.net/",如图7-19所示。这里需要注意的是,在输入网址时,一定要添加"https"协议标识,"openurl-打开网页"控件不会像多数浏览器那样自动为 URL(uniform resource locator,统一资源定位器)地址添加协议标识。

图 7-19 打开知网首页

(3)在搜索框中输入"RPA"。在"openurl-打开网页"控件后添加"type-在网页中输入文本"控件,使用 UISelector 工具定位至知网首页上的搜索输入框,在控件输入内容参数中填写"RPA",如图 7-20 所示。

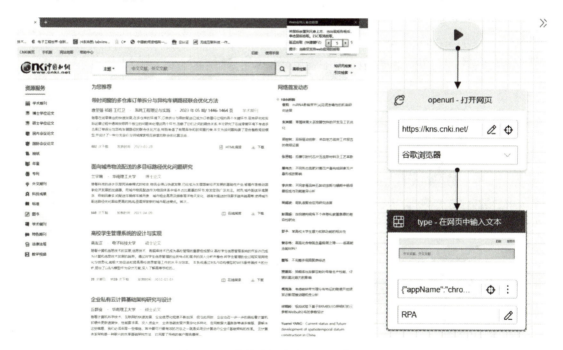

图 7-20 在搜索框中输入"RPA"关键字

(4)点击"搜索"按钮。在"type-在网页中输入文本"控件后添加"click-鼠标单击网页元素"控件,使用 UISelector 工具定位至网页上的搜索图标,如图 7-21 所示。

(5)网页数据拾取。在"click-鼠标单击网页元素"控件后添加"extractWebData-网页数据拾取"控件,点击控件上"选择数据"按钮,根据向导配置数据拾取规则,如图 7-22 至图 7-25 所示。在"选择第一个元素"步骤中,需要使用 UISelector 工具定位到网页中的表格,下方的预览窗口会显示已经选中的表格中的数据。

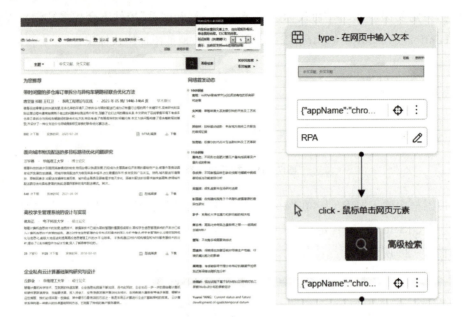

图 7-21　添加"click-鼠标单击网页元素"控件

图 7-22　网页数据获取向导-选择第一个元素

在"选择相似元素"步骤中,获取范围选择"获取整个表格",如图 7-23 所示。

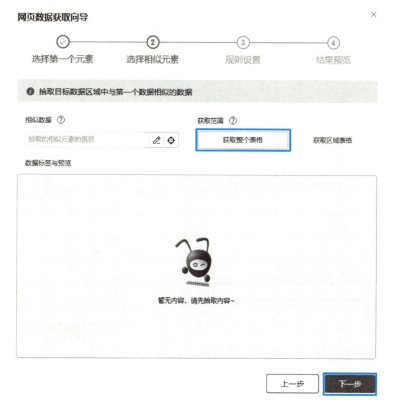

图 7-23 网页数据获取向导-选择相似元素

在"规则设置"步骤中,获取内容选项设置为"文本",获取页数设置为"部分页",因为要获取多页,所以需要使用 UISelector 工具定位下一页按钮。获取页数设置为"3",同时勾选"数据保存到本地文件",设置本地文件路径后,点击"下一步"进入结果预览步骤,如图 7-24 所示。

在结果预览步骤中,预览框中会根据前面步骤的设置显示当前页面中的数据,右击列头能够编辑修改列头名称,也可以设置以第一行为表头,此处点击"以第一行为表头"按钮即可,最后点击"完成"按钮完成拾取规则的配置,如图 7-25 所示。

(6)拾取完成提示。在"extractWebData-网页数据拾取"控件后添加"messageBox-消息窗口"控件,在消息框内容参数中填写"拾取完毕"。

(7)结果验证。运行"检索 RPA 应用"子脚本,提示"拾取完毕"后,打开保存的 Excel 文件,查看并验证保存的数据,如图 7-26 所示。这里需要注意的是,由于从网页上获取的字符串可能包含一些不可见的字符,如空格、换行等,需要手动调整 Excel 表格列宽以查看完整的文本。

图 7-24 网页数据获取向导-规则设置

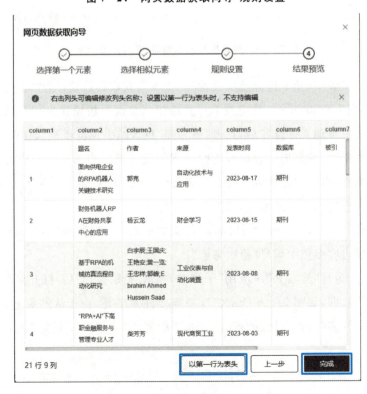

图 7-25 网页数据获取向导-结果预览

	A	B	C	D	E	F	G	H	I
1		题名	作者	来源	发表时间	数据库	被引	下载	操作
2	1	面向供电企业的RPA机器人关键技术研究	郭克	自动化技	2023-08-17	期刊			下载
3	2	财务机器人RPA在财务共享中心的应用	杨云龙	财会学习	2023-08-15	期刊			下载
4	3	基于RPA的机械仿真流程自动化研究	白宇辰;王	工业仪表	2023-08-08	期刊			下载
5	4	“RPA+AI”下高职金融服务与管理专业人才培养模式探析	柴芳芳	现代商贸	2023-08-03	期刊			下载
6	5	重组酶聚合酶扩增技术用于脑脊液中肺炎链球菌检测的价值 网络首	侯玉婷;	检验医学	2023-07-28 09:07	期刊			下载
7	6	非洲猪瘟病毒的RPA-CRISPR-Cas12a快速检测方法的建立	徐博文;	黑龙江畜	2023-07-20	期刊			下载
8	7	基于RPA+BIM的建筑机房远程运维技术应用研究	蒋海刚;	微型电脑	2023-07-20	期刊			下载
9	8	菜豆黄花叶病毒RPA-LFD技术快速检测方法的建立与应用	朱宇翔;秦	江苏农业	2023-07-20	期刊			下载
10	9	基于荧光重组酶聚合酶扩增技术快速检测美洲钩虫方法研究	梁家瑞;徐	中国热带	2023-07-18	期刊			下载
11	10	RPA在费用报销当中的应用——以农业企业为例	黄怡凡	中国乡镇	2023-07-15	期刊			下载
12	11	RPA在财务领域中应用的原理分析——以“发票填开机器人”为例	郭毅光;	投资与创	2023-07-15	期刊			下载
13	12	RPA机器人在电力营销业务应用中的实践	李小江;	农村电气	2023-07-10	期刊			下载
14	13	嵌入RPA技术的高校财务报销系统构建	徐静	财会通讯	2023-07-10	期刊			下载
15	14	北银金科RPA技术应用探索及实践	张金龙	中国信用	2023-07-07	期刊			下载
16	15	北京银行信用卡中心RPA建设实践	马志民;	中国信用	2023-07-07	期刊			下载
17	16	RPA财务机器人在财务共享服务中心的运用	李光辉	纳税	2023-07-05	期刊			下载
18	17	鼠伤寒沙门菌与沙门菌血清型4，[5]，12:i:-双重RT-RPA快速检测方法的建立	蒋增海;翁	中国兽医	2023-07-03 16:32	期刊			下载
19	18	大豆抗菜豆普通花叶病毒GWAS分析与菜豆黄花叶病毒RPA-LFD检测	朱宇翔	扬州大学	2023-06-30	硕士			下载
20	19	基于RPA扩增与CRISPR-Cas12b结合的耐药基因mcr-1和检测系统的建立与初步应用	陈欢	扬州大学	2023-06-30	硕士			下载
21	20	耳念珠菌重组酶聚合酶扩增检测方法的建立与评价	付雷雯;王	疾病监测	2023-06-30	期刊			下载
22	21	RPA在财务领域的应用分析——以中化国际为例	彭理想	投资与创	2023-06-25	期刊			下载
23	22	基于RPA技术的财务机器人业务自动化处理平台构建	聂玺	自动化与	2023-06-25	期刊			下载
24	23	RPA机器人在电商平台的应用分析	高怡晨;	海峡科技	2023-06-25	期刊			下载
25	24	RPA财务机器人在企业财务共享中心的应用研究	瞿明山	黄山学院	2023-06-20	期刊			下载
26	25	“区块链+RPA技术”在招投标评审过程中的研究与应用	彭媛媛;	科技资讯	2023-06-20	期刊			下载
27	26	RPA在企业财务数字化转型中的应用研究	陈胡嵘;	财经界	2023-06-20	期刊			下载
28	27	重组酶聚合酶扩增核酸试纸条快速检测诺如病毒方法的建立与应用	于浩洋;冯	质量安全	2023-06-20	期刊			下载
29	28	“数字员工”助力卫生健康统计智能化运营	田鸣;常	互联网周	2023-06-20	期刊			下载
30	29	猪流行性腹泻病毒RPA-LFD检测方法的建立	袁嘉康;李	中国兽医	2023-06-15	期刊			下载
31	30	基于RPA的应用交付能力研究与实践	王学平;	冶金自动	2023-06-15	期刊			下载
32	31	业务场景驱动下RPA财务机器人实验创新研究	张斌	中国乡镇	2023-06-15	期刊			下载
33	32	RPA技术在投资项目政策利用管理中的应用	张萍	冶金自动	2023-06-15	期刊			下载
34	33	机器人流程自动化技术在企业数字化转型过程中的应用	吕斌	冶金自动	2023-06-15	期刊			下载
35	34	机器人流程自动化技术在临床数据归档中的应用	王继伟;	中国数字	2023-06-15	期刊			下载
36	35	基于RPA/OCR/NLP融合技术的国库应用场景研究	马天龙;	金融科技	2023-06-10	期刊			下载
37	36	RPA推广应用对财务共享人员培养模式的思考	陈燕玲	今日财富	2023-06-10	特色期刊			下载
38	37	基于RPA技术的智能审计财务报表流程优化	宋蕾	财会通讯	2023-06-09	期刊			下载
39	38	基于RPA的采购发票自动入账案例剖析	张巧良;	财会月刊	2023-06-07 17:49	期刊			下载
40	39	RPA助力北京中关村银行数字化转型探索与实践	韩震;李	中国信用	2023-06-07	期刊			下载
41	40	数字化转型必备：财务与管理会计融合的RPA技术革新	姜娜	纳税	2023-06-05	期刊			下载
42	41	犬感染人五毛滴虫胶体金和LFD-RPA检测方法的建立与初步应用	陈雪娇	吉林大学	2023-06-01	硕士			下载
43	42	阴道毛滴虫RPA-CRISPR-Cas12a检测方法的建立及初步应用	李珊	吉林大学	2023-06-01	硕士			下载
44	43	基于CRISPR/Cas12a的食源性嗜冷菌检测方法的建立和初步应用	肖毅然	吉林大学	2023-06-01	硕士			下载
45	44	重组聚合酶扩增(RPA)快速检测水稻香味等位基因badh2-E7 网络首	周继华;张	分子植物	2023-05-31 16:29	期刊			下载
46	45	基于RPA的审计机器人创新与问题研究	唐彦琦	中国集体	2023-05-30	期刊			下载

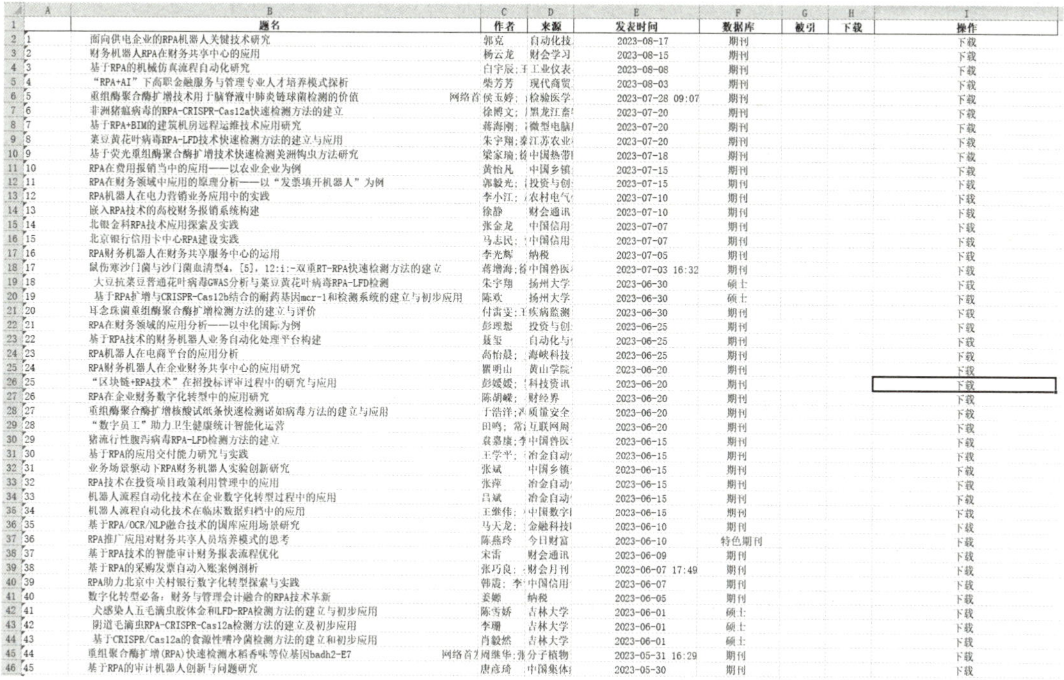

图 7－26 检索 RPA 应用结果验证

7.5 项目小结

本项目介绍了 RPA 在网页自动化中的应用，并详细讲解了网页元素定位的两种方式：UI Selector 定位和 Devtool 工具定位。另外，还介绍了 XPath 的基础知识，以及常用的 Web 网页自动化控件的使用方法。

通过本项目，我们可以了解到 RPA 网页自动化的优势和应用场景，能够准确地定位需要操作的网页元素、使用 XPath 语言进行节点定位和数据提取，并掌握 WeAutomate Studio 中的 Web 网页自动化控件，实现各种操作流程的设计和编辑。

通过完成实训任务，我们能够更深入地了解 RPA 的应用，并通过实践掌握网页自动化的技能，提高工作效率，降低成本，培养创新思维和解决问题的能力。

前沿资讯

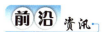

技术无罪，善恶存心

RPA 网页自动化技术可以为我们提供很多便利，通过完成实训任务，大家应该也检索到了很多关于 RPA 的应用场景。它能够提高我们的工作效率，减少重复劳动，提供便利和准确性。

因此,它在各个领域都有广泛的应用,包括电子商务、市场调研、数据分析等。通过网页自动化,我们可以实现自动化地执行各种网页操作和任务,节省时间和精力。网页自动化可以帮助我们自动填写表单和提交信息。例如,在网上购物时,我们可以使用网页自动化工具自动填写收货地址和支付信息,省去手动输入的麻烦。网页自动化也可以用于数据采集和信息抓取。通过编写合适的脚本,我们可以让网页自动化工具自动访问网页并抓取所需的数据,如新闻、商品信息等。这对于市场调研、竞争情报收集等工作非常有用。

技术可以为人类带来很多便利和进步,推动社会的发展和创新。然而,如果技术被用于恶意活动或违法行为,也会对社会造成严重的负面影响。比如,使用RPA网页自动化技术实现网络爬虫等,一旦被用于非法目的,往往比没有这项技术的时候造成的影响更大,仅就爬虫这项技术,就会涉及以下问题。

1. 隐私和个人信息泄露。一些恶意的网络爬虫可能会非法地抓取和收集用户的个人信息,导致隐私泄露和个人信息被滥用的风险增加。

2. 网络资源浪费。大量的网络爬虫同时访问网站会消耗大量的网络带宽和服务器资源,导致网站响应变慢甚至崩溃,给网站运营者和其他用户带来不便。

3. 版权侵犯和盗版。一些网络爬虫可能会大规模地抓取和复制他人的版权内容,用于盗版、非法传播或其他侵权行为,给知识产权所有者带来损失。

4. 信息失真和误导。网络爬虫抓取的数据可能存在错误、过时或虚假的情况,如果这些数据被误导性地使用,可能会对用户和社会产生负面影响。

5. 网络安全风险。一些恶意的网络爬虫可能会被黑客用于扫描和收集目标网络的漏洞和敏感信息,为后续的黑客攻击提供支持和准备。

可以看出,当技术被用于违法犯罪、侵犯他人权益、破坏社会秩序或伤害人类福祉时,越先进的技术带来的风险越高。我们作为技术的学习者和使用者,需要有责任心和道德观念,正确使用技术,遵守法律法规,尊重他人的权益和隐私,避免滥用或将其用于不当的目的。同时,我们也需要积极关注和参与科技伦理的讨论和规范制定,确保技术的发展与社会的利益相一致。

课后练习

一、选择题

1. RPA网页自动化可以帮助企业实现什么? ( )

    A. 提高工作效率和降低成本

    B. 增加人工操作的时间和错误

    C. 使机器人能够模拟人类用户在网页上操作

    D. 无法应用于不同行业和领域

2. 网页自动化的第一步是什么? ( )
   A. 准确定位需要操作的网页元素   B. 安装 Chrome 浏览器
   C. 学习 XPath 语法   D. 使用浏览器自带的网页自动化控件
3. XPath 是用来做什么的? ( )
   A. 在 XML 文档中定位和选择节点   B. 进行人工操作的时间和错误
   C. 使用 UISelector 定位网页元素   D. 使用浏览器自带的网页自动化控件
4. 下列哪类控件不属于 Web 网页自动化控件? ( )
   A. 浏览器操作   B. 表格操作   C. 鼠标操作   D. Excel 表格操作
5. 通过综合在线数据库平台——中国知网,检索"RPA"关键字可以获取什么内容? ( )
   A. 相关研究文献的题名、作者、发表时间等
   B. 网页表格的内容
   C. 网页元素的定位路径
   D. 浏览器的操作流程
6. RPA 网页自动化在企业中的应用有哪些优势? ( )
   A. 提高工作效率和降低成本
   B. 增加人工操作的时间和错误
   C. 使机器人能够模拟人类用户在网页上操作
   D. 只能应用于特定行业和领域
7. Web 网页自动化的控件可以如何组合和编辑? ( )
   A. 根据实际需求衔接组合起来,实现相应的功能
   B. 只能依次执行,不能灵活组合
   C. 只能使用 UI 录制方式进行编辑
   D. 不能编辑和组合,只能使用现有的控件
8. XPath 可以应用于哪个领域? ( )
   A. Web 开发   B. 数据抓取   C. XML 转换   D. 以上选项皆是
9. 在网页自动化中,UISelector 主要用来做什么? ( )
   A. 定位和识别网页中需要操作的元素
   B. 提取节点的文本内容、属性值等
   C. 发送键盘操作命令
   D. 进行数据抓取和处理
10. 下列哪一项不属于 RPA 网页自动化能够给企业带来的帮助? ( )
    A. 释放人力资源   B. 提高工作效率

C. 增加业务系统复杂度　　　　　　D. 降低运营成本

二、填空题

1. 网页自动化的第一步是能够准确定位到需要操作的网页元素，主要有两种定位方式，分别是_____和_____。

2. XPath 是一种用于_____，也常用于 HTML 网页查询。

3. WeAutomate Studio 提供了一系列 Web 网页自动化控件，包括_____、_____、_____、_____和_____等。

4. Xpath 相对定位以_____开头，可以从网页对应的 DOM 结构中的任意位置开始选择元素。

5. RPA 网页自动化可以提高_____、降低_____，并释放_____。

三、判断题

1. RPA 网页自动化可以帮助企业提高工作效率、降低成本，但只能应用于特定行业和领域。
（　　）

2. XPath 是一种用于在 XML 文档中定位和选择节点的查询语言，也常用于 HTML 网页查询。（　　）

3. WeAutomate Studio 提供了浏览器操作、表格操作、鼠标操作等 Web 网页自动化控件。（　　）

4. 在网页自动化中，UISelector 主要用来识别网页中需要操作的元素，而 XPath 用于发送键盘操作命令。
（　　）

5. RPA 网页自动化可以帮助企业节省人力资源、软件和硬件资源、时间和成本。（　　）

四、简答题

1. 请简要介绍 RPA 网页自动化的应用场景。

2. 请简要说明 UISelector 定位和 Devtool 工具定位的使用场景和优缺点。

3. 请简要说明 XPath 的优势和常见的使用场景。

4. 请简要说明 Web 网页自动化控件的作用和常用的控件类型。

5. 请简要说明 RPA 网页自动化在企业中的优势和应用前景。

项目 8　成绩分析——Excel 数据表操作

Excel 是一种被广泛使用的电子表格格式,在财务管理、人力资源管理、市场营销、生产计划、数据分析等领域都有十分广阔的应用,其中有很多复杂的、重复性的应用场景,适合使用 RPA 来提高工作效率。以下是一些常见的 RPA 在 Excel 表格中的应用场景。

(1)数据录入和更新。RPA 可以自动从其他系统或数据源中提取数据,并将其自动输入到 Excel 电子表格中。这可以节省大量的时间和劳动力,减少错误。

(2)数据清洗和转换。RPA 可以自动执行数据清洗任务,如去除重复值、修复格式错误、填充缺失值等。它还可以进行数据转换,将数据从一种格式转换为另一种格式,以满足特定的需求。

(3)数据分析和报告生成。RPA 可以自动执行数据分析任务,如计算统计指标、生成图表和图形,并将结果呈现为易于理解的报告。

(4)数据导入和导出。RPA 可以自动将 Excel 数据导入到其他系统或应用程序中,也可以将其他系统或应用程序中的数据导入到 Excel 表格中。这样可以实现不同系统之间的数据交互和集成。

(5)自动化报表更新和分发。RPA 可以定期自动更新 Excel 报表,并将其分发给相关人员。这避免了手动更新和分发报表的繁琐过程。

RPA 可以为组织提供自动化数据处理和分析的能力,以支持更好的决策制定和业务运营。

知识目标

1. 理解 Excel 的应用领域及 RPA 在 Excel 表格中的应用场景。

2. 掌握常见的 RPA 在 Excel 表格中的操作命令集,包括打开、关闭和保存 Excel 文件、Sheet 页操作、行/列和单元格的操作、透视表操作等。

3. 理解 RPA 操作 Excel 的基本流程,包括数据录入和更新、数据清洗和转换、数据分析和报告生成、数据导入和导出、自动化报表更新和分发等。

项目 8 成绩分析——Excel数据表操作

能力目标

1. 能够使用 WeAutomate Studio 中的 Excel 操作控件,实现对 Excel 文件的打开、关闭、保存等基础操作。
2. 能够利用 Excel 基础操作控件实现对 Sheet 页、行、列和单元格的读取和写入操作。
3. 能够使用 Excel 透视表操作控件创建和配置透视表,实现数据的汇总和统计分析。
4. 能够运用所学知识,完成成绩分析的实例任务,实现对学生成绩的综合分析和统计。

素质目标

1. 培养熟练应用 Excel 电子表格操作控件的能力,提高工作效率。
2. 培养数据分析能力,包括数据处理、统计计算和图表展示等。
3. 培养问题解决能力和创新意识,通过 RPA 在 Excel 领域的应用实践,提高解决实际问题的能力。

通过本项目的学习和实践,掌握 RPA 在 Excel 数据表操作中的基本知识和技能,能够运用 RPA 工具完成对 Excel 文件的自动化处理和分析,提高工作效率和数据处理质量。此外,还要培养数据分析和问题解决的能力,为未来工作和学习提供有力的支持。

8.1 RPA Excel 操作基础

WeAutomate Studio 为操作 Excel 提供了大量的处理命令集,在 3.3.0 版本中包含了 67 个控件,能对 Excel 进行多种操作,开发者可直接通过拖曳的方式调用,极大地简化操作流程。除此之外,它也支持借助于 VBA 或 python 程序对 Excel 文档进行更复杂的处理。本节主要介绍打开 Excel 文件、关闭 Excel 文件、保存 Excel 文件、Sheet 页操作、对行的操作、对列的操作、对单元格的操作、透视表操作等常用操作的处理命令。

需要注意的是,WeAutomate 对 Excel 文件的操作是基于 Microsoft Excel 或 WPS 的,运行 WeAutomate Excel 相关脚本的机器上必须安装 Microsoft Excel 或者 WPS。如果需要在管理员权限下使用 WPS,需要按照以下方法修改计算机的安全策略。

(1)打开本地组策略编辑器(在 Windows 设置中搜索"策略编辑器",或者在"运行"窗口中键入 gpedit.msc 并打开)。

(2)依次展开计算机配置→Windows 设置→安全设置→本地策略→安全选项。

(3)在安全选项中找到"用户账户控制:以管理员批准模式运行所有管理员",禁用此安全策略。

8.1.1 打开 Excel 文件

在对 Excel 文件操作之前，需要使用"excelApplicationScope -打开 excel 文件"控件读取硬盘上的文件并将其转换为 Excel 文件对象，供其他 Excel 控件使用，该控件及其关键参数如图 8-1 所示。

图 8-1 "excelApplicationScope -打开 excel 文件"控件及其关键参数

"excelApplicationScope -打开 excel 文件"控件的输出为 Excel 文件对象别名，如果 RPA 涉及同时打开多个文件，则必须指定每个 Excel 文件的对象别名，通过 Excel 文件对象别名指定要操作的文件对象。

"excelApplicationScope -打开 excel 文件"控件包括如下关键输入参数。

(1)"打开方式"：指定使用 Microsoft Excel 还是 WPS 打开 Excel 文件。

(2)"Excel 文件路径"：指定需要打开的 Excel 文件，如果不存在则会创建一个新的文件。

(3)"Sheet 页名称"：指定要操作的 Sheet 页名称或索引，需要注意的是如果指定索引，索引是从 1 开始的。如果不填则默认操作当前活动的 Sheet 页。

(4)"是否可见"：指定打开 Excel 文件时 Microsoft Excel 或 WPS 软件窗口是否可见，True 表示可见，False 表示不可见。默认是不可见，如果选择可见，在 RPA 脚本运行时请不要操作计算机，否则可能会导致错误。

(5)"是否只读"：指定是否以只读方式打开 Excel 文件，在只读模式下打开的 Excel 文件无法保存修改。

(6)"密码(访问)"：在打开设置权限密码的 Excel 文件时，用于指定访问权限密码。

(7)"密码(编辑)":在打开设置权限密码的 Excel 文件时,用于指定编辑权限密码。

(8)"屏蔽弹框":用于指定在打开 Excel 文件时,是否屏蔽提示弹框。

(9)"保护视图模式":用于指定是否以受保护视图方式打开 Excel 文件,需要注意的是,WPS 不支持该选项。

8.1.2 关闭 Excel 文件

用"excelApplicationScope -打开 excel 文件"控件打开的 Excel 文件必须用"excelCloseWorkbook -关闭工作簿"控件关闭,否则在下次打开相同的 Excel 文件时,会因该文件被占用而失败。"excelCloseWorkbook -关闭工作簿"控件通过 Excel 对象参数来指定需要关闭的 Excel 对象,保存文件参数为"True"表示关闭时保存对文件的修改,为"False"表示关闭时不保存文件修改,默认为"True"。该控件及其关键参数如图 8-2 所示。

图 8-2 "excelCloseWorkbook -关闭工作簿"控件及其关键参数

8.1.3 保存 Excel 文件

除在关闭 Excel 工作簿时将保存文件设置为"True"对文件进行保存以外,WeAutomate Studio 还提供了两种保存文件的控件,分别是"excelSaveWorkbook -保存工作簿"控件和"excelSaveAsWorkbook -另存为工作簿"控件,分别实现保存和另存为 Excel 文件的功能,它们的关键参数分别如图 8-3 和图 8-4 所示。

图 8-3 "excelSaveWorkbook -保存工作簿"控件及其关键参数

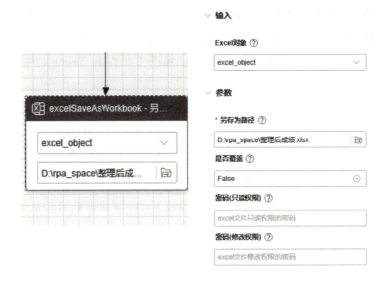

图 8-4 "excelSaveAsWorkbook-另存为工作簿"控件及其关键参数

上述两个控件通过 Excel 对象参数来指定要保存的 Excel 对象,"excelSaveAsWorkbook-另存为工作簿"控件还包括"另存为路径""是否覆盖""密码(只读权限)"和"密码(修改权限)"等参数。其中"另存为路径"参数是必填参数,用于指定文件另存为 Excel 文件的路径;"是否覆盖"参数用于指定若目录下存在相同文件,是否需要覆盖;"密码(只读/修改权限)"参数用于设置读写权限密码,默认不设密码。

8.1.4 Sheet 页操作

WeAutomate Studio 提供了一系列控件来完成如激活、增加、删除、重命名、获取 Sheet 名称、提取 Sheet 页内容等对工作簿 Sheet 页的操作,如表 8-1 所示,这些控件都通过输入 Excel 对象来指定操作的 Excel 文件,同时打开多个 Excel 时必须指定 Excel 对象。

表 8-1 Sheet 页操作控件

控件功能	控件名称	关键参数说明
激活 Sheet 页	excelSelectSheet	"选择 Sheet 页方式":名称和索引,指定目标 Sheet 页参数的填写内容; "目标 Sheet 页":填写 Sheet 页名称或索引,名称不区分大小写,索引是正整数
增加 Sheet 页	excelAddSheet	"Sheet 页名称":要增加的 Sheet 页名称,必须为字符串; "是否覆盖":是否覆盖重名 Sheet 页,若不覆盖则新增的 Sheet 页名称由系统决定; "Sheet 页索引位置":插入 Sheet 页的位置索引,从 1 开始,不填表示插入当前活动页之后

续表

控件功能	控件名称	关键参数说明
删除 Sheet 页	excelRemoveSheet	"选择 Sheet 页方式":名称和索引,指定目标 Sheet 页参数的填写内容; "目标 Sheet 页":填写 Sheet 页名称或索引,名称不区分大小写,索引是正整数
重命名 Sheet 页	excelRenameSheet	"选择 Sheet 页方式":名称和索引,指定目标 Sheet 页参数的填写内容; "选择 Sheet 页":填写需要修改名称的 Sheet 页名称或索引,名称不区分大小写,索引是正整数; "目标 Sheet 名称":重命名之后 Sheet 页的名称
根据 Sheet 索引获取 Sheet 名称	excelGetWorkbook-Sheet	"Sheet 名称":输出,获取到的 Sheet 名称,字符串类型; "Sheet 索引":输入参数,需要获取名称的 Sheet 页索引,不填表示获取当前 Sheet 页名称
获取所有 Sheet 名称	excelGetWorkbook-Sheets	"所有 Sheet 名称集":当前 Excel 对象中所有 Sheet 页名称的集合,类型为 Array
提取 Sheet 页内容	excelReadSheet	"文本内容":输出数组的名称; "返回值类型":用于指定输出文本内容的类型,可选"list"和"DataFrame"二者之一; "Sheet 页名称":指定要操作的 Sheet 页名称或者索引,索引从 1 开始,不填则默认当前活动 Sheet 页; "合并单元格处理方式":"合并读取"表示每个被合并的单元格取相同的值,"不合并读取"表示除了第一个单元格,其他合并中的单元格值都为 None,默认为"不合并读取"; "读取方式":"实际值"表示获取实际数值,结果为浮点数;"文本"表示获取显示文本,结果为字符串。普通文本类型单元格,两种方式无差别,默认为"文本"方式; "跳过末尾空白行列":是否跳过末尾的空白行列,默认为 True

8.1.5 Excel 行操作

WeAutomate Studio 提供了一系列控件来操作工作簿 Sheet 页中的行,完成如插入行、删除行、获取行数、获取某行单元格文本等操作,如表 8-2 所示,这些控件都通过输入 Excel 对象来指定操作的 Excel 文件,在同时打开多个 Excel 时必须指定 Excel 对象。

表 8-2　Excel 行操作控件

控件功能	控件名称	关键参数说明
插入行	excelInsertRows	"Excel 对象":需要操作的 Excel 文件对象; "Sheet 页名称":指定要操作的 Sheet 页名称或索引,不填则默认为当前活动 Sheet 页; "目标行号":指定在哪一行前面插入行,默认为 1; "插入行数":需要在目标行前插入的行数,默认为 1; "插入数据":往插入的行中添加数据,json 数组格式。一行使用一维数组,多行使用二维数组,如"[1,2,3]、[[1,2,3,4],[5,6,7,8]]"
删除行	excelDeleteRows	"Excel 对象":需要操作的 Excel 文件对象; "Sheet 页名称":指定要操作的 Sheet 页名称或索引,不填则默认当前活动 Sheet 页; "起始行号":指定从哪一行开始删除; "删除行数":要删除的行数(包括起始行)
获取行数	excelGetRowCount	"Excel 对象":需要操作的 Excel 文件对象; "Sheet 页名称":指定要操作的 Sheet 页名称或索引,不填则默认当前活动 Sheet 页; "行数":输出已使用的行数,整数类型; "列名":列名或者列号,表示获取指定列已使用的行数,例如,B 或 2 表示第二列
获取某行单元格文本	excelReadRow	"Excel 对象":需要操作的 Excel 文件对象; "文本内容":某行单元格文本,返回值存储在数组变量中; "Sheet 页名称":指定要操作的 Sheet 页名称或索引,不填默认当前活动 Sheet 页; "行号":指定获取哪一行的单元格文本; "合并单元格处理方式":"合并读取"表示每个被合并的单元格取相同的值,"不合并读取"表示除了第一个单元格,其他合并中的单元格值都为"None",默认为"不合并读取"; "读取方式":"实际值"表示获取实际数值,结果为浮点数;"文本"表示获取显示文本,结果为字符串。普通文本类型单元格,两种方式无差别,默认认为"文本"方式

8.1.6　Excel 列操作

WeAutomate Studio 提供了一系列控件来操作工作簿 Sheet 页中的列,完成如插入列、删除列、获取列数、获取某列单元格文本、获取 Excel 列字母编号等操作,如表 8-3 所示,这些控件都通过输入 Excel 对象来指定操作的 Excel 文件,在同时打开多个 Excel 时必须指定 Excel 对象。

项目8　成绩分析——Excel数据表操作

表 8-3　Excel 列操作控件

控件功能	控件名称	关键参数说明
插入列	excelInsertColumns	"Excel 对象":需要操作的 Excel 文件对象; "Sheet 页名称":指定要操作的 Sheet 页名称或索引,不填默认为当前活动 Sheet 页; "目标列号":正整数或字母,指定从哪一列开始插入,默认为 A; "插入列数":需要在目标列号前插入的列数,默认为 1
删除列	excelDeleteColumns	"Excel 对象":需要操作的 Excel 文件对象; "Sheet 页名称":指定要操作的 Sheet 页名称或索引,不填默认为当前活动 Sheet 页; "起始列号":正整数或字母,指定从哪一列开始删除; "删除列数":要删除的列数(包括起始列)
获取列数	excelGetColumnCount	"Excel 对象":需要操作的 Excel 文件对象; "Sheet 页名称":指定要操作的 Sheet 页名称或索引,不填默认为当前活动 Sheet 页; 列数:输出已使用的列数,整数类型; "行号":正整数,表示获取指定行已使用的列数
获取某列单元格文本	excelReadColumn	"Excel 对象":需要操作的 Excel 文件对象; "文本内容":某列单元格文本,返回值存储在数组变量中; "Sheet 页名称":指定要操作的 Sheet 页名称或索引,不填则默认为当前活动 Sheet 页; "列号":正整数或字母,指定获取哪一列的单元格文本; "合并单元格处理方式":"合并读取"表示每个被合并的单元格取相同的值,"不合并读取"表示除了第一个单元格,其他合并中的单元格值都为"None",默认为"不合并读取"; "读取方式":"实际值"表示获取实际数值,结果为浮点数;"文本"表示获取显示文本,结果为字符串。对于普通文本类型单元格,两种方式无差别,默认为"文本"方式
获取 Excel 列字母编号	excelColumnIndexToName	"列号":1～16384 之间的整数; "列名":列号对应的列名,值存储在字符串变量中

8.1.7　Excel 单元格操作

WeAutomate Studio 为 Excel 单元格操作提供了丰富的控件,具备强大的自动化能力,如读写单元格数值、格式化单元格、获取单元格公式、条件格式化等,使用 RPA 处理 Excel 单元格数据能有效减少手动工作量,提高数据处理和操作的准确性。WeAutomate Studio 中常用的单元格操作控件如表 8-4 所示。

表 8 – 4 Excel 单元格操作常用控件

控件功能	控件名称	关键参数说明
写入单元格	excelWriteCell	"Excel 对象":需要操作的 Excel 文件对象; "Sheet 页名称":指定要操作的 Sheet 页名称或索引,不填则默认为当前活动 Sheet 页; "目标单元格":指定写入单元格的位置,用字母和数字组合实现,如"A1"表示第一行第一列的单元格; "写入内容":用于指定要写入单元格的文本或者公式,公式以等号开头。如果为空表示删除单元格内容。需要注意的是,如果想要输入等号开头的文本,需要在等号前加上单引号
写入范围单元格	excelWriteRange	"Excel 对象":需要操作的 Excel 文件对象; "Sheet 页名称":指定要操作的 Sheet 页名称或索引,不填则默认为当前活动 Sheet 页; "起始位置":起始单元格位置(字母数字组合),也可以指定单元格区域(起始单元格位置:结束单元格位置,如 A1:C3 表示从第一行第一列开始的三行三列的区域),指定单元格区域时多余数据会被忽略; "数据":指定写入指定区域的数据,可以是数组格式,也可以是单个数据,表示写入区域相同的数据。以等号开头的数据表示写入公式。需要注意的是,如果想要输入等号开头的文本,需要在等号前加上单引号
合并单元格	excelMergeRange	"Excel 对象":需要操作的 Excel 文件对象; "Sheet 页名称":指定要操作的 Sheet 页名称或索引,不填则默认为当前活动 Sheet 页; "区域":指定要合并或拆分的单元格区域,例如 A1:D3 表示可合并或拆分的区域; "选项":"合并单元格"或"拆分单元格",默认合并单元格
删除单元格	excelDeleteRange	"Excel 对象":需要操作的 Excel 文件对象; "Sheet 页名称":指定要操作的 Sheet 页名称或索引,不填默认为当前活动 Sheet 页; "区域":指定要删除的单元格区域,例如"A1:D3"表示删除第 1—3 行、第 1—4 列的单元格,删除后,单元格向左填充
获取单元格颜色	excelGetCellColor	"Excel 对象":需要操作的 Excel 文件对象; "Sheet 页名称":指定要操作的 Sheet 页名称或索引,不填则默认为当前活动 Sheet 页; "单元格颜色":输出颜色字符串; "单元格":指定要获取颜色的单元格位置,用字母和数字组合实现,如"A1"表示第一行第一列的单元格

续表

控件功能	控件名称	关键参数说明
获取单元格属性	excelGetCellAttribute	"Excel对象":需要操作的Excel文件对象； "Sheet页名称":指定要操作的Sheet页名称或索引,不填则默认为当前活动Sheet页； "单元格属性":输出属性值字符串； "单元格":指定要获取的单元格位置,用字母和数字组合实现,如"A1"表示第一行第一列的单元格； "属性名称":指定要获取的单元格的属性,包括背景颜色、字体名称、字体大小、字体颜色和字体加粗等属性
获取单元格文本	excelReadCell	"Excel对象":需要操作的Excel文件对象； "Sheet页名称":指定要操作的Sheet页名称或索引,不填则默认为当前活动Sheet页； "单元格内容":输出单元格的文本数据,数据类型由单元格本身数据类型和读取方式确定； "单元格":指定要获取的单元格位置,用字母和数字组合实现,如"A1"表示第一行第一列的单元格； "读取方式":"实际值"表示获取实际数值,结果为浮点数；"文本"表示获取显示文本,结果为字符串。普通文本类型单元格,两种方式无差别,默认为"文本"方式
获取单元格公式	excelReadCellFormula	"Excel对象":需要操作的Excel文件对象； "Sheet页名称":指定要操作的Sheet页名称或索引,不填则默认为当前活动Sheet页； "单元格公式":输出单元格的公式,保存在返回值变量中,字符串类型； "单元格":指定要获取的单元格位置,用字母数字组合实现,如A1表示第一行第一列的单元格
设置范围背景颜色	excelSetRangeColor	"Excel对象":需要操作的Excel文件对象； "Sheet页名称":指定要操作的Sheet页名称或索引,不填则默认为当前活动Sheet页； "区域":指定要操作的单元格区域,例如"A1:D3"表示操作第1—3行、第1—4列的单元格； "颜色":指定需要设定的背景颜色,格式为♯加6位16进制数,例如"♯90EE90",在控件中可以点击取色按钮选择需要的颜色

续表

控件功能	控件名称	关键参数说明
获取区域文本	excelReadRange	"Excel对象":需要操作的Excel文件对象; "Sheet页名称":指定要操作的Sheet页名称或索引,不填默认为当前活动Sheet页; "文本内容":区域内单元格的内容,返回值存储在数组变量中或DataFrame对象中,具体类型由返回值类型指定; "返回值类型":指定返回值的类型,可选项为"list"和"DataFrame"; "区域":指定要操作的单元格区域,例如"A1:D3"表示操作第1—3行、第1—4列的单元格; "合并单元格处理方式":"合并读取"表示每个被合并的单元格取相同的值,"不合并读取"表示除了第一个单元格,其他合并中的单元格值都为"None",默认为"不合并读取"; "读取方式":"实际值"表示获取实际数值,结果为浮点数,"文本"表示获取显示文本,结果为字符串。对于普通文本类型单元格,两种方式无差别,默认为"文本"方式
查询文本	excelFindText	"Excel对象":需要操作的Excel文件对象; "Sheet页名称":指定要操作的Sheet页名称或索引,不填则默认为当前活动Sheet页; "匹配结果":返回指定Sheet页中匹配到的单元格位置或者内容,返回值存储在数组变量中; "区域":指定要操作的单元格区域,例如"A1:D3"表示操作第1—3行、第1—4列的单元格,不填则表示在整个Sheet页中查询; "匹配规则":指定匹配规则,可选项包括"完全匹配""模糊匹配"和"正则匹配",默认为"完全匹配"; "查找内容":必填参数,指定需要查找的内容,如匹配规则选取"正则匹配",此处应填写合理的正则表达式; "结果类型":指定匹配结果返回内容列表还是单元格坐标列表,默认单元格坐标列表; "大小写敏感":指定匹配时大小写是否敏感,默认大小写敏感

表8-4中只介绍了一些常用的Excel单元格操作控件,WeAutomate Studio提供了更多的控件,有需要的读者可自行查看控件列表和控件帮助了解、选用。

8.1.8 筛选表格数据

Excel的数据筛选功能提供了一个强大的工具集,用于数据分析、探索和展示,能够让人们轻松地分析和处理电子表格中特定子集的数据,具备广泛的应用场景。在WeAutomate Studio

中可以调用"excelAutoFilter-筛选表格数据"控件实现筛选表格数据功能,该控件及其关键参数如图8-5所示。

图8-5　"excelAutoFilter-筛选表格数据"控件及其关键参数

"excelAutoFilter-筛选表格数据"控件有以下关键参数。

(1)"Excel 对象":需要操作的 Excel 文件对象。

(2)"Sheet 页名称":指定要操作的 Sheet 页名称或索引,不填则默认为当前活动 Sheet 页。

(3)"筛选数据所在行数":返回符合筛选条件的数据所在的行号,返回值存储在数组变量中。

(4)"目标列":指定需要筛选的列,可以是正整数或字母,注意:如果表格已包含筛选区域,此参数必须在筛选区域中。

(5)"筛选条件":指定筛选数据的条件。不填表示筛选所有数据。筛选条件支持的格式如表8-5所示。

(6)"目标 Sheet 页名称":指定将筛选的数据复制到哪个 Sheet 页中,如果不存在则自动新建一个 Sheet 页;

(7)"起始单元格":指定将筛选的数据复制到 Sheet 页中的具体位置,需要配合目标 Sheet 页名称参数一起使用才有效。

表 8-5 筛选条件支持的格式

筛选条件	筛选说明	备注
=：	筛选空白	如果同时筛选多个值,可以使用数组形式：["abc","123","XYZ"]。 组合条件使用 and 和 or 连接,只支持 2 个条件。 支持模糊匹配,? 代表一个字符,* 代表任意个字符
<>：	筛选非空白	
xyz：	筛选等于 xyz 的值,	
＞xyz：	筛选大于 xyz 的值	
<>xyz：	筛选不等于 xyz 的值	
* xyz *：	筛选包含 xyz 的值	
<> * xyz *：	筛选不包含 xyz 的值	

8.1.9 Excel 透视表操作

Excel 的透视表功能是一种强大的数据分析工具,它可以帮助用户快速汇总和分析大量数据。透视表可以根据用户选择的字段和条件,自动对数据进行分组、汇总和计算,生成易于理解和可视化的汇总报表。WeAutomate Studio 提供了两个与透视表相关的控件,分别是"excelCreatePivotTable-创建透视表"和"excelRefreshPivotTable-刷新透视表",这两个控件及他们的关键参数分别如图 8-6 和图 8-7 所示。

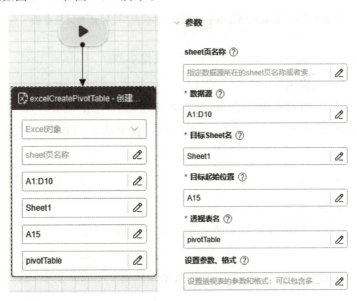

图 8-6 "excelCreatePivotTable-创建透视表"控件及其关键参数

"excelCreatePivotTable-创建透视表"控件需要说明的有以下参数。

(1)"数据源":指定透视表的数据源所在的单元格区域。

(2)"目标 Sheet 名":指定将透视表创建在哪个 Sheet 页中,如果指定的 Sheet 页不存在,则新建指定的 Sheet 页。

(3)"目标起始位置":指定将透视表建在 Sheet 页中的具体位置。

(4)"透视表名":指定新建透视表的名称,该名称可用于刷新等操作。

(5)"设置参数、格式":设置透视表的参数和格式。透视表可以包含多组数据,每组数据的格式为(表头,数据透视表中的位置,统计类型),如果存在多组数据,组与组之间用逗号隔开。括号中的第一个参数"表头"用来指定源数据的列标签;第二个参数表示在透视表中的作用,有"lRowField(行)""xlColumnField(列)"和"xlDataField(统计)"三个选项;第三个参数"统计类型"只有当"数据透视表中的位置"为"xlDataField"时有效。"统计类型"参数的说明如表 8-6 所示。

表 8-6 筛选条件支持的格式

统计类型	说明	统计类型	说明
xlAverage	平均	xlProduct	乘除
xlCount	计数	xlStDev	基于样本的标准偏差
xlCountNums	只计数数值	xlStDevP	基于全体数据的标准偏差
xlDistinctCount	使用非重复计数分析进行计数	xlSum	总值
xlMax	最大值	xlUnknown	未指定任何分类汇总函数
xlMin	最小值	xlVar	基于样本的方差

"excelRefreshPivotTable-刷新透视表"控件比较简单,只需要指定透视表的名称,调用该控件会重新加载指定名称的透视表源数据,更新透视表内容。

图 8-7 "excelRefreshPivotTable-刷新透视表"控件及其关键参数

除了本节介绍的 Excel 基本操作控件以外，WeAutomate Studio 还支持通过调用 Excel 宏代码、python 程序等方式对 Excel 文档进行处理，感兴趣的读者可以自行研究。

8.2 实训任务:成绩分析

8.2.1 任务情境

假如你是 RPA 课程的课代表，任课老师给你分配了一个任务，需要使用 RPA 来分析和总结班级同学的成绩。老师提供了一个包含学号、平时成绩和考试成绩的 Excel 文件。你的目标是使用 RPA 来执行各种任务来创建成绩的全面分析。这些任务包括计算总成绩、平均成绩、划分等第、分析分数段分布等任务。

8.2.2 任务分析

为完成上述任务，需要考虑以下问题：

(1) 学生综合成绩的计算，综合成绩等于平时成绩的 30% 加上考试成绩的 70%，可以使用写入单元格公式计算，也可以遍历读取单元格和写入单元格控件实现；

(2) 平均成绩计算，可以使用向单元格写入公式来计算，也可以遍历 Excel 的所有行，用 eval 控件计算平均值后写入单元格；

(3) 成绩等第划分，根据综合成绩划分，90 分及以上为优秀，80 至 89 分为良好，70 至 79 分为中等，60 至 69 分为及格，其余为不及格；

(4) 成绩分析，使用透视表或者其他方式，完成等第人数分布分析。

8.2.3 任务实施

根据任务情境和任务分析，本节实训内容的 RPA 流程图如图 8-8 所示，根据图中流程，分析业务流程步骤，如表 8-7 所示。

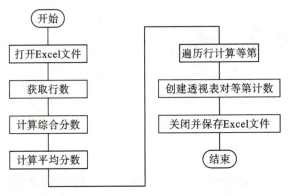

图 8-8　检索 RPA 应用脚本流程图

表8-7 业务流程步骤

序号	步骤	活动	注意事项
1	创建"成绩分析"子脚本	新建子脚本	—
2	打开Excel文件	在脚本中依次添加"excelKillProcess-结束Excel进程"和"excelApplicationScope-打开excel文件"控件,并按要求填写参数	excelKillProcess会停止已打开的Excel进程,运行脚本前注意保存已打开的Excel文件
3	获取行数	在脚本中添加"excelGetRowCount-获取行数"控件	—
4	计算综合分数	添加"excelWriteRange-写入区域"控件写入公式	公式要以"="开头,注意写入范围
5	计算平均分数	添加"excelWriteCell-写入单元格"控件写入平均公式	要用"eval-运行python表达式"控件计算写入平均值单元格所在的行号
6	遍历行计算等第	添加"For-遍历/计次循环""MultiIf-多条件分支""excelReadCell-读取单元格""excelWriteCell-写入单元格"等控件,实现读取每行综合分数得出等第并写入单元格	读取方式参数要选择为实际值,否则读出的是字符串,需要进一步处理才能进行比较
7	创建透视表对等第计数	添加"excelCreatePivotTable-创建透视表"控件,并按照需求填写参数	注意参数设置以及编写格式
8	关闭并保存Excel文件	添加"excelCloseWorkbook-关闭工作簿"控件,关闭和保存Excel文件	RPA打开的所有Excel文件必须关闭,否则该文件会被一直占用
9	结果验证	运行"成绩分析"子脚本,脚本运行完毕后,打开保存的Excel文件,查看运行结果是否正确	再次运行脚本前注意删除已经存在的透视表

详细步骤如下。

(1)创建"成绩分析"脚本。打开WeAutomate Studio,创建一个新的子脚本,并将其命名为"成绩分析",如图8-9所示。

图 8-9 创建子脚本

（2）打开 Excel 文件。在新建的子脚本中添加"excelKillProcess -结束 Excel 进程"控件，防止正在运行的 Excel 程序影响脚本的运行。特别需要注意的是，此命令会强制结束 Excel 进程，关闭系统中所有已经被打开的工作簿，可能会导致工作簿的更改丢失，因此在执行脚本前务必保存已打开的 Excel 文件。在"excelKillProcess -结束 Excel 进程"控件后添加"excelApplicationScope -打开 excel 文件"控件，点击"Excel 文件路径"按钮选择"原始成绩"Excel 文件路径，其他参数采用默认值，如图 8-10 所示。

（3）获取行数。在"excelApplicationScope -打开 excel 文件"控件后添加"excelGetRowCount -获取行数"控件，修改行数输出变量名为"RowCount"，如图 8-11 所示。

（4）计算综合分数。综合分数＝平时成绩 * 30％＋考试成绩 * 70％，原始成绩 Excel 中的数据如图 8-12 左半部分所示，综合成绩可以通过在"综合分数"列单元格中写入公式计算得出。根据前文介绍，使用"excelWriteCell -写入单元格"控件可以向一个单元格内写入公式，"excelWriteRange -写入区域"可以向一个区域内的单元格写入公式，这里可以使用"excelWriteRange -写入区域"实现。

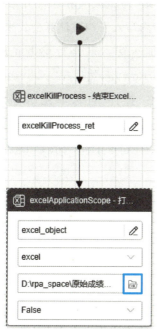

图 8－10　“excelApplicationScope－打开 excel 文件”控件及其参数

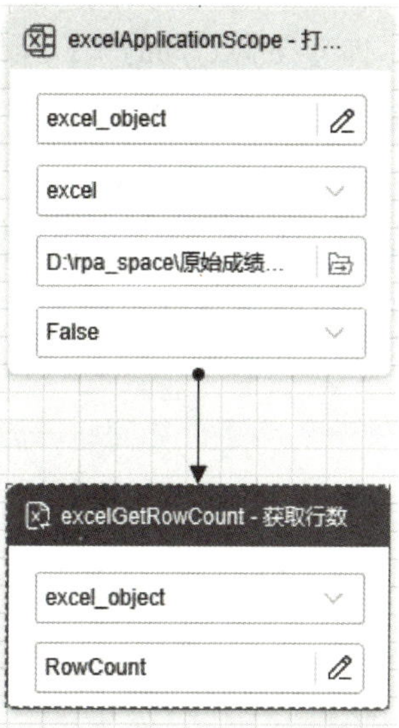

图 8－11　获取行数

在“excelGetRowCount－获取行数”控件后添加“excelWriteRange－写入区域”控件，起始位置参数应从单元格 D2 开始，到 D 列最后一行的单元格结束，这里可以使用前面步骤中获取取行数来表示，即 D@{RowCount}，所以，起始位置参数为D2:D@{RowCount}。控件“数据”参数中应填写以“＝”开头的公式，以第二行为例，D2 单元格中应写入的公式为＝B2＊0.3＋C2＊0.7，“excelWriteRange－写入区域”控件会自动根据写入单元格所在的行匹配同行的单元格进行计算，如图 8－12 所示。

	A	B	C	D	E
1	学号	平时成绩	考试成绩	综合分数	综合级别
2	1	60	72		
3	2	75	54		
4	3	60	61		
5	4	70	85		
6	5	70	66		
7	6	80	92		
8	7	85	96		
9	8	80	94		
10	9	75	54		
11	10	95	89		
12	11	80	90		
13	12	80	82		
14	13	75	76		
15	14	75	91		
16	15	75	90		
17	16	80	74		
18	17	75	74		
19	18	70	86		
20	19	80	86		

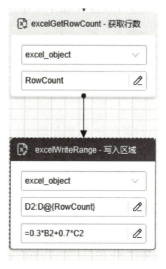

图 8－12　区域写入公式

(5)计算平均分数。计算所有同学的平时成绩、考试成绩和综合分数的平均值,可以使用"excelWriteCell-写入单元格"控件向一个单元格内写入平均数计算公式来实现,如图 8-13 所示,首先在"excelWriteRange-写入区域"控件后添加一个"eval-运行 python 表达式"控件计算平均数所在的行,即@{RowCount}+1,存储在变量 AvrRow 中,然后在"eval-运行 python 表达式"控件后依次添加三个"excelWriteCell-写入单元格"控件,目标单元格分别是 B@{AvrRow}、C@{AvrRow}、D@{AvrRow},写入数据分别是=AVERAGE(B2:B@{RowCount})、=AVERAGE(C2:C@{RowCount})、=AVERAGE(D2:D@{RowCount}),分别计算平时成绩、考试成绩和综合分数的平均值。

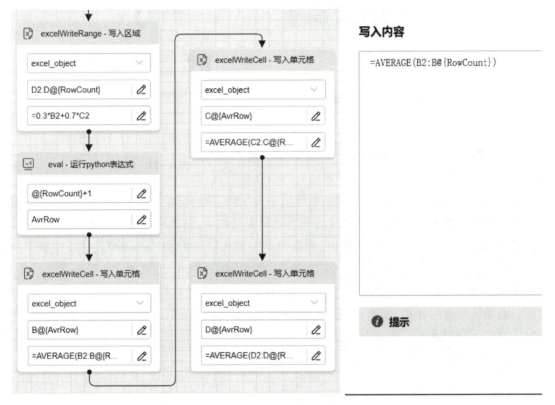

图 8-13　计算平均值

(6)遍历行计算等第。遍历 Excel 文件中的所有行,根据每一行的综合分数得出等第,写入综合级别列中的单元格。这里需要用到前面学过的 For 循环以及 MultiIf 语句控件,如图 8-14 所示。

For 语句的数据集合为 range(2,@{RowCount}),表示从第 2 行遍历到最后一行;条目名称变量为 rownum。

进入循环体使用"excelReadCell-读取单元格"控件读取 D@{rownum}单元格中的数值,存储到变量 score 中,这里需要注意的是,"excelReadCell-读取单元格"控件的"读取方式"参数要选择"实际值",否则读出的结果将是字符串,无法直接与数值进行比较判断等第。

在"excelReadCell-读取单元格"控件后调用"MultiIf-多条件分支"控件,共为其添加 4 个条件表达式,分别是@{score}>=90、@{score}>=80、@{score}>=70、@{score}>=60,加上 else 分支一共五个分支,分别对应"优秀""良好""中等""及格"和"不及格"五种情况。

在"MultiIf-多条件分支"控件的五个分支后面依次添加五个"excelWriteCell-写入单元格"控件,将对应的等级写入单元格 E@{rownum}。

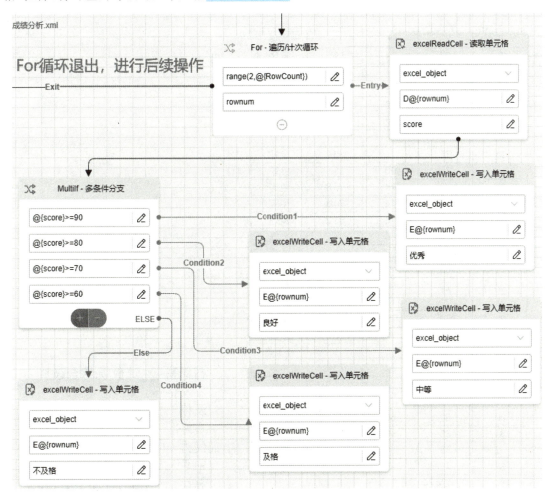

图 8-14 遍历写入等第

(7)创建透视表对等第计数。在"For-遍历/计次循环"控件的 Exit 分支添加"excelCreatePivotTable-创建透视表"控件,"目标 Sheet 名"参数填写"Sheet2",即在 Sheet2 页上创建透视表,"数据源"参数填写"E1:E@{RowCount}",即对所有同学的等第进行统计,注意数据源要包括第一行的表头;"目标起始位置"参数填写"A1";"透视表名"参数填写"等第统计";"设计参数、格式"参数填写"(综合级别,xlRowField),(综合级别,xlDataField,xlCount)",即新建的透视表有两列,第一列是将"综合级别"这一列的数据作为透视表的行,第二列是对"综合级别"列中的数据进行计数,如图 8-15 和图 8-16 所示。

学号	平时	期末	综合分数	综合级别
1	60	72	68.4	及格
2	75	54	60.3	及格
3	60	61	60.7	及格
4	70	85	80.5	良好
5	70	66	67.2	及格
6	80	92	88.4	良好
7	85	96	92.7	优秀
8	80	94	89.8	良好
9	75	54	60.3	及格
10	95	89	90.8	优秀
11	80	90	87	良好
12	80	82	81.4	良好
13	75	76	75.7	中等
14	75	91	86.2	良好
15	75	90	85.5	良好
16	80	74	75.8	中等
17	75	74	74.3	中等
18	70	86	81.2	良好
19	80	86	84.2	良好
20	85	66	71.7	中等
21	65	73	70.6	中等
22	70	92	85.4	良好
23	70	78	75.6	中等
24	70	79	76.3	中等
25	75	80	78.5	中等
26	0	0	0	不及格
27	60	82	75.4	中等
28	85	92	89.9	良好
29	75	77	76.4	中等
30	60	63	62.1	及格
31	85	50	60.5	及格
32	75	96	89.7	良好
33	75	96	89.7	良好
	72.42424	76.84848	75.52121	

图 8-15 Sheet1 上的运行结果

行标签	计数项:综合级别
不及格	1
及格	7
良好	13
优秀	2
中等	10
总计	33

图 8-16 Sheet2 上的透视表结果

(8)关闭并保存 Excel 文件。在"excelCreatePivotTable -创建透视表"控件后添加"excelCloseWorkbook -关闭工作簿"控件,将其"保存文件"参数设置为"True"。

(9)结果验证。运行"成绩分析"子脚本,待脚本运行完毕后,打开保存的 Excel 文件,查看 Sheet1 页上综合分数、综合级别以及平均分数的运行结果,在 Sheet2 页上能够查看到生成的透视表结果,实现了对各个等第的计数统计分析。这里需要注意的是,相同名称的透视表只能创建一次,再次运行"成绩分析"脚本前需要将"等第统计"透视表删除,否则脚本运行将会报错。读者也可以自行考虑如何用其他方法解决该问题(提示:可以使用"excelSaveAsWorkbook-另存为工作簿"控件实现)。

8.3 项目小结

本项目主要介绍了 RPA 在 Excel 数据表操作中的应用。首先介绍了 Excel 在各个领域的广泛应用,并指出 RPA 在 Excel 领域中的应用场景,如数据录入和更新、数据清洗和转换、数据分析和报告生成、数据导入和导出以及自动化报表更新和分发。接着详细介绍了 WeAutomate Studio 中 Excel 操作的基础控件及它们的使用方法,包括实现打开 Excel 文件、关闭 Excel 文件、保存 Excel 文件、Sheet 页操作、对行的操作、对列的操作、对单元格的操作以及透视表操作等操作的控件。随后,通过一个实际的成绩分析任务,包括计算总成绩、平均成绩、划分等第和分析分数段分布等子任务,展示了如何使用 RPA 进行 Excel 数据表的分析和操作。

总的来说,本项目内容较为全面地介绍了 RPA 在 Excel 数据表操作中的应用,通过实际案例的演示使读者能够更好地理解和掌握相关的操作技巧。读者可以通过完成课后练习来进一步巩固所学内容。

前沿资讯

"十四五"软件和信息技术服务业发展形势

(一)软件拓展数字化发展新空间

人类社会正在进入以数字化生产力为主要标志的发展新阶段,软件在数字化进程中发挥着重要的基础支撑作用,加速向网络化、平台化、智能化方向发展,驱动云计算、大数据、人工智能、5G、区块链、工业互联网、量子计算等新一代信息技术迭代创新、群体突破,加快数字产业化步伐。软件对融合发展的有效赋能、赋值、赋智,全面推动经济社会数字化、网络化、智能化转型升级,持续激发数据要素创新活力,夯实设备、网络、控制、数据、应用等安全保障,加快产业数字化进程,为数字经济开辟广阔的发展空间,促进我国发展的质量变革、效率变革、动力变革。

(二)新发展格局赋予产业新使命

软件作为信息技术关键载体和产业融合关键纽带,将成为我国"十四五"时期抢抓新技术革命机遇的战略支点,同时全球产业格局加速重构也为我国带来了新的市场空间。要充分认识软件产业发展的重要性和紧迫性,加快实施国家软件发展战略,不断提升软件产业创新活力,坚持补短板、锻长板,夯实产业发展基础,着力打造更高质量、更有效率、更可持续、更为安全的产业链供应链,充分释放软件融合带来的放大、倍增和叠加效应,有效满足多层次、多样化市场需求,为构建以国内大循环为主体、国内国际双循环相互促进的新发展格局提供有力支撑。

(三)"软件定义"赋能实体经济新变革

"软件定义"是新一轮科技革命和产业变革的新特征和新标志,已成为驱动未来发展的重要力量。软件定义扩展了产品的功能,变革了产品的价值创造模式,催生了平台化设计、个性化定制、网络化协同、智能化生产、服务化延伸、数字化管理等新型制造模式,推动了平台经济、共享经济蓬勃兴起。软件定义赋予了企业新型能力,航空航天、汽车、重大装备、钢铁、石化等行业企业纷纷加快软件化转型,软件能力已成为工业企业的核心竞争力。软件定义赋予基础设施新的能力和灵活性,成为生产方式升级、生产关系变革、新兴产业发展的重要引擎。

(四)开源重塑软件发展新生态

开放、平等、协作、共享的开源模式,加速软件迭代升级,促进产用协同创新,推动产业生态完善,成为全球软件技术和产业创新的主导模式。当前,开源已覆盖软件开发的全域场景,正在构建新的软件技术创新体系,引领新一代信息技术创新发展,全球97%的软件开发者和99%的企业使用开源软件,基础软件、工业软件、新兴平台软件大多基于开源,开源软件已经成为软件产业创新源泉和"标准件库"。同时,开源开辟了产业竞争新赛道,基于全球开发者众研众用众创的开源生态正加速形成。

摘自《"十四五"软件和信息技术服务业发展规划》

课后练习

一、选择题

1. 下列哪种场景适合使用 RPA 在 Excel 中进行处理?　　　　　　　　　(　　)
   A. 数据导入和导出　　　　　　　　　B. 图像处理和编辑
   C. 文字识别和翻译　　　　　　　　　D. 网络爬虫和数据挖掘

2. RPA 在 Excel 中可以用来实现以下哪个任务?　　　　　　　　　　　(　　)
   A. 数据分析和报告生成　　　　　　　B. 模型训练和优化
   C. 网络安全和防护　　　　　　　　　D. 游戏开发和设计

3. RPA 在 Excel 中可以自动执行以下哪个任务?　　　　　　　　　　　(　　)
   A. 数据录入和更新　　　　　　　　　B. 原型设计和开发
   C. 人员招聘和面试　　　　　　　　　D. 服务器管理和维护

4. 关于 RPA 操作 Excel 文件的说法,错误的是?　　　　　　　　　　　(　　)
   A. 计算机上必须安装 Microsoft Excel 程序才能用 RPA 打开 Excel 文件
   B. RPA 可以同时打开多个 Excel 文件,此时应该指定每个被打开 Excel 文件的对象别名
   C. 程序运行结束前需要调用 excelCloseWorkbook 控件将已经打开的 Excel 文件关闭
   D. 在打开 Excel 文件之前,通常会调用"excelKillProcess -结束 Excel"进程控件,防止正

在运行的 Excel 程序影响脚本的正常运行

5. 以下哪个控件可以用来创建 Excel 透视表? ( )

   A. excelGetRowCount   B. excelWriteRange

   C. excelCreatePivotTable   D. excelReadCell

6. 在 RPA 中,如何计算 Excel 中某列的平均值? ( )

   A. 使用 excelReadCell 控件读取每个单元格,并使用 eval 控件计算平均值

   B. 使用 excelWriteCell 控件写入平均值计算公式

   C. 调用 python 脚本进行计算

   D. 以上选项都可以

7. 以下哪个控件可以在 Excel 中写入公式? ( )

   A. excelWriteCell   B. excelWriteRange

   C. excelReadCell   D. excelCreatePivotTable

8. 下列选项中,不属于 RPA 在 Excel 中实现数据清洗任务的是? ( )

   A. 去除重复值   B. 修复错误值

   C. 修改数据格式   D. 更改字体和颜色

9. RPA 可以实现将 Excel 数据导入到其他系统中吗? ( )

   A. 可以,使用 excelReadCell 控件读取 Excel 数据,然后写入到其他系统中

   B. 不可以,RPA 只能用于 Excel 内部的数据处理

   C. 可以,使用 excelWriteCell 控件将数据写入到其他系统中

   D. 不可以,只能手动将 Excel 数据复制粘贴到其他系统中

10. 使用"excelAutoFilter–筛选表格数据"控件筛选出某列中所有空白行时,筛选条件应该设置为? ( )

   A. =:   B. <>:   C. =空白   D. <>空白

二、填空题

1. 在 Excel 中,RPA 可以自动执行数据的录入和_____任务。

2. 在 Excel 中,RPA 可以自动进行数据的清洗和_____。

3. 利用 RPA 可以在 Excel 中自动生成报表,并自动进行数据的_____和分发。

4. RPA 可以实现 Excel 数据与其他系统之间的_____和导出。

5. RPA 在 Excel 领域的应用可以提高工作效率、减少错误,并释放人力资源以从事更_____ _____价值的任务。

三、判断题

1. RPA 在 Excel 中的应用范围非常广泛,可以应用于数据处理、分析和报告生成等任务。

                                                                                         ( )

2. 使用 RPA 可以实现在 Excel 中自动计算平均分数、综合分数等统计指标。　　　　（　　）
3. 在 Excel 中，RPA 可以自动创建透视表，用于数据分析和可视化。　　　　　　（　　）
4. RPA 可以帮助把 Excel 中的数据导入到其他系统或应用程序中，实现数据交互和集成。
　　　　　　　　　　　　　　　　　　　　　　　　　　　　　　　　　　　（　　）
5. 使用 RPA 在 Excel 中进行数据清洗和转换可以大大提高工作效率和准确性。　（　　）

四、简答题

1. 请简要介绍 RPA 在 Excel 中的应用场景，并举例说明。

2. RPA 在 Excel 中的数据清洗和转换有哪些常见任务？请举例说明。

3. RPA 如何实现在 Excel 中创建透视表？请给出具体步骤。

4. 请简要说明 RPA 在 Excel 中的应用优势。

5. 如何利用 RPA 实现 Excel 中的数据导入和导出？请举例说明。

项目 9　值班表整合分发——Word/E-mail 自动化

WeAutomate Studio 在 Word 文档处理和邮件处理方面也具有丰富强大的能力。在 Word 文档处理方面，WeAutomate Studio 可以根据预定义的模板或规则自动创建 Word 文档。它能够从其他系统或数据源中提取数据，并将其插入 Word 文档中的相应位置。它还可以对 Word 文档中的文本进行编辑和格式化，能够插入、删除或修改文本内容，并应用不同的字体、样式和排版。在表格和图表处理方面，它可以自动创建、编辑和更新 Word 文档中的表格和图表。在文档合并和拆分方面，它可以将多个 Word 文档自动合并为一个，或将一个大文档拆分为多个小文档，以满足特定的需求。

在邮件处理方面，WeAutomate Studio 能够通过 outlook、pop、imap、smtp 等多种方式自动收发邮件，并且支持邮件筛选和分类，可以根据预定义的规则和条件对收件箱中的邮件进行筛选和分类，还可以自动提取和处理附件，即从收件箱中提取特定类型的邮件或处理特定的附件。

结合 WeAutomate Studio 在文档处理和邮件处理领域的强大能力，我们可以创造出很多便利、高效的脚本工具，减少人工操作的工作量，提高工作效率。

知识目标

1. 理解 WeAutomate Studio 中 Word 自动化操作的基本控件及其使用方法。
2. 掌握 Word 文档的打开、关闭、保存和另存为操作。
3. 熟悉 Word 文档内容的读取和替换操作，以及表格和图片的处理方法。

能力目标

1. 能够使用 WeAutomate Studio 对 Word 文档进行自动化操作。
2. 能够读取 Word 文档中的文本内容，并进行替换和修改。
3. 能够处理 Word 文档中的表格和图片，并进行编辑和更新。

素质目标

1. 培养使用 RPA 技术进行文档处理的应用能力，提高工作效率和准确性。
2. 培养团队协作能力，通过使用自动化工具，减少人工操作的工作量，提高工作效率。
3. 培养创新思维和解决问题的能力。

9.1 Word 自动化

Word 作为最受欢迎的文档形式之一,一直以来应用领域都非常广泛,涵盖了各个行业和领域。虽然 Word 提供了许多功能和工具来处理文档,但在某些复杂的重复性任务中,使用 RPA 技术可以带来更高的效率和准确性。

WeAutomate Studio 为 Word 自动化提供了大量的处理控件,包含了文档读取、文档写入和通用操作三大类,具备强大的处理能力。除此之外,还支持借助于 VBA 或 python 程序对 Word 文档进行更复杂的处理。本节主要介绍常用的处理命令,包括 Word 文件的打开、关闭、保存、另存等通用操作,Word 文档文本读取、表格读取、标题获取、选定内容获取等读取操作以及写入文本、插入表格、插入图片、设置样式等写入修改操作。

需要注意的是,与 WeAutomate 对 Excel 文件的操作相似,WeAutomate 对 Word 文档的操作也是基于 Microsoft Office 或 WPS 的,运行 WeAutomate Word 相关脚本的机器上必须安装 Microsoft Word 或者 WPS。但是如果 WPS 与 Office 同时存在,可能会导致脚本程序运行失败。

9.1.1 打开 Word 文档

与 Excel 文档处理类似,在对 Word 文件操作之前,需要使用"word.applicationScope - 打开 word 文档"控件读取硬盘上的文件并转换为 word 文档对象,供其他 Word 操作控件使用,该控件及其关键参数如图 9-1 所示。

图 9-1 "word.applicationScope - 打开 word 文档"控件及其关键参数

"word. applicationScope-打开 word 文档"控件的输出为 word 文档对象别名,如果 RPA 涉及同时打开多个文件,则必须指定每个 Word 文件的 word 文档对象别名,通过 word 文档对象别名指定要操作的文件对象。

"word. applicationScope-打开 word 文档"控件包括如下关键输入参数。

(1)打开方式:指定使用 Microsoft Word 还是 WPS 打开 Word 文件。

(2)word 文件路径:指定需要打开的 Word 文件,文件类型仅支持 docx、doc、docm 和 wps 格式。

(3)是否可见:指定打开 Word 文件时 Microsoft Word 或 WPS 软件窗口是否可见,True 表示可见,False 表示不可见。默认是不可见,如果选择可见,在 RPA 脚本运行时请不要操作计算机,否则可能会导致错误。

(4)是否只读:指定是否以只读方式打开 Word 文件,在只读模式下打开的 Word 文件无法保存修改。

(5)密码(访问):在打开设置权限密码的 Word 文件时,用于指定访问权限密码。

(6)密码(编辑):在打开设置权限密码的 Word 文件时,用于指定编辑权限密码。

9.1.2 关闭 Word 文件

用"word. applicationScope-打开 word 文档"控件打开的 Excel 文件必须用"word. closeApplication-关闭 word"控件关闭,否则在下次打开同一个 Word 文档时,会因该文件被占用而失败。"保存修改"参数为"True"表示关闭时保存对文档的修改,为"False"表示关闭时不保存文档修改,默认为"True"。该控件及其关键参数如图 9-2 所示。

图 9-2 "excelCloseWorkbook-关闭工作簿"控件及其关键参数

9.1.3 保存 Word 文档

除了在关闭 Word 文档时将"保存修改"设置为"True"对文件进行保存以外,WeAutomate Studio 还提供了另外两种保存文档的控件,分别是"word. saveDocument-保存文档"控件和

"word.saveAs -文档另存为"控件,控件及其关键参数分别如图 9-3 和图 9-4 所示。

图 9-3 "word.saveDocument -保存文档"控件及其关键参数

图 9-4 "word.saveAs -文档另存为"控件及其关键参数

上述两个控件通过 Word 文档对象参数来指定要保存的 Word 文档,"word.saveAs -文档另存为"控件还包括"文档保存目录""文件名"和"覆盖存在的文件"等参数,其中"文档保存目录"和"文件名"是必填参数,用于指定文件另存为 Word 文档的路径;"覆盖存在的文件"参数用于指定目录下存在相同文件时,是否需要覆盖,默认为 True。

9.1.4 Word 文本内容读取

"word.ReadText -读取文本"控件能够实现读取指定 Word 文档中的文本内容,它和它的关键参数如图 9-5 所示。该控件读取的是指定位置的文本内容,保存在字符串变量wordReadText_ret 中返回,文档中的图片读取为"\"符号,需要单独处理。当获取指定段落文本时,光标会定位到该段开头位置。"页数"参数用于指定文档页数,如果只有此参数表示获取指定页所有内容;"段落编号"参数用于指定文档段落编号,如果不指定页数,表示获取第一页的某段内容。如果两个参数都不指定,则读取整个 Word 文档的文本内容。

项目9 值班表整合分发——Word/E-mail自动化

图9-5 "word.ReadText-读取文本"控件及其关键参数

9.1.5 Word文本内容替换

"word.ReplaceText-替换文本"控件能够实现部分替换或者全部替换文本内容,可广泛应用于模板内容的替换,它和它的关键参数如图9-6所示。

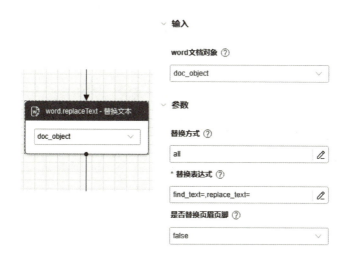

图9-6 "word.ReadText-替换文本"控件及其关键参数

"word.ReplaceText-替换文本"控件有以下关键参数。

(1)替换方式,用于指定替换文本的方式,可以输入以下值:

first——替换文档中的第一个查找结果；

last——替换文档中的最后一个查找结果；

all——替换文档中的所有查找结果；

数字——指定替换文档中的第几个(int 类型)查找结果。

该参数的默认值是 all，即默认替换文档中所有的查找结果。

(2)替换表达式，用于指定需要查找和替换的内容，格式为"find_text＝"a"，replace_text＝"b""，其中"a"是要查找的字符串，"b"是要替换的新字符串。

(3)是否替换页眉页脚，指定查找替换操作是否在页眉页脚区域进行。

这里需要注意的是，文档中不一定存在要查找替换的内容，即便存在，第二次执行的时候也找不到此前被替换的内容，因此即便没有找到需要替换的内容，程序也不应该退出，所以多数情况下应该将"失败则退出"设置为 False。

9.1.6　Word 写入文本

WeAutomate Studio 提供了两个向 Word 文档写入文本的控件，分别是"word.appendText –追加文本"和"word.insertText –在光标位置插入文本"，从名称上就能看出二者的区别，前者是在 Word 文档末尾追加文本内容，但是追加的文本不带任何格式；后者可以在文档中光标位置插入文本，配合"word.locateCursor –定位光标""word.moveCursor –移动光标"等控件在文档任意位置插入文本，也可以通过"word.setFontStyle –设置字体样式"控件和"word.setParagraphFormat –设置段落样式"控件对插入文本的格式进行调整，使用起来更加灵活。两种写入文本控件及其关键参数分别如图 9－7 和图 9－8 所示。"word.insertText –在光标位置插入文本"控件除"待插入内容"参数以外还有一个"插入前换行"参数，用于指定在插入内容之前是否换行，默认不换行。

图 9－7　"word.appendText –追加文本"控件及其关键参数

图 9-8 "word.insertText-在光标位置插入文本"控件及其关键参数

9.1.7 Word 表格操作

WeAutomate Studio 提供了两个操作 Word 文档中表格的控件,即"word.getDocumentTable-读取表格"和"word.insertDataTable-插入表格"控件。前者能将 Word 文档中指定的表格内容读取并存储到二维数组结构 list 或者 DataFrame 中,后者则是将二维数组 list 中的内容以表格的形式插入到 Word 文档中的指定位置,上述两个控件及它们的关键参数分别如图 9-9 和图 9-10 所示。

"word.getDocumentTable-读取表格"控件中的"将输出类型转换为"参数有两个选项,分别是"list"和"DataFrame",用于指定返回的表格数据类型;"表格索引"参数用于指定读取 Word 文档中的第几个表格,索引从 1 开始。

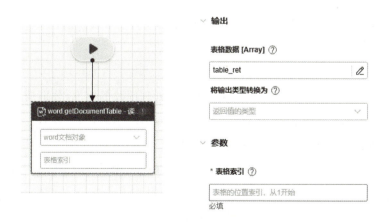

图 9-9 "word.getDocumentTable-读取表格"控件及其关键参数

图 9-10 "word.insertDataTable-写入表格"控件及其关键参数

"word.insertDataTable-写入表格"控件中的"表格位置"参数用于指定表格相对目标元素插入的位置,可以在下拉列表中选择"在目标元素之前""将目标元素替换""在目标元素之后""在文档开头""在文档结尾"其中之一,如果选择了前三个选项,还需要指定"插入位置上的文本"和"目标位置类型"两个参数来确定目标元素位置。

"插入位置上的文本"参数是指插入位置正文内容或书签名,用于指定表格插入的位置。

"目标位置类型"参数用于指定"插入位置上的文本"参数的类型是正文的内容还是正文的书签。

"指定插入位置"参数用于指定表格插入到文档中第几个目标位置处。仅当"目标位置类型"参数为"正文的内容"时有效。0代表第一个,-1代表最后一个,不填代表所有。

"表格内容"参数用于传入插入表格的内容,数据格式为二维表。

9.1.8 Word 图片操作

WeAutomate Studio 提供了两个在 Word 文档中处理图片的控件,分别是"word.insertPicture-在光标位置处插入图片"控件和"word.replacePicture-替换图片"控件。前者能将指定路径上的图片插入到文档中光标位置处,后者能将 Word 文档中指定的目标图片用指定路径上的图片替换,配合其他控件使用,能灵活地管理 Word 文档中的图片。控件及其关键参数分别如图 9-11 和图 9-12 所示。

"word.insertPicture-在光标处插入图片"控件中的"待插入图片路径"参数用于指定需要插入 Word 文档中的图片路径,支持 emf、wmf、jpg、jpeg、jfif、jpe、png、bmp、dib、rle、gif、emz、wmz、pcz、tif、tiff、eps、pct、pict、wpg 格式的图片。

图9-11 "word.insertPicture-在光标位置处插入图片"控件及其关键参数

图9-12 "word.replacePicture-替换图片"控件及其关键参数

"图片缩放比例"参数用于指定图片缩放比例。用浮点数表示,例如0.5表示缩小一半。默认原始尺寸插入。

"文字环绕样式"参数用于指定文字对插入的图片的环绕样式,包括"Square""Tight""Through""TopBottom""Front""Behind""Inline"等,分别代表四周型环绕、紧密型环绕、穿越型环绕、上下型环绕、浮于文字上方、衬于文字下方和嵌入型,默认是Inline(嵌入型环绕)。

"插入前换行"参数用于指定在插入图片前是否换行。

"word.replacePicture-替换图片"控件中"图片路径"参数用于指定替换图片的路径,支持png、jpg、gif、ico、jpeg、bmp、tif、tiff类型的图片。

"图片定位方式"参数用于指定定位目标图片的方式,可以是图片的可选文字或索引,配合图片的alt_text或索引定位Word文档中需要替换的图片。

"图片的Alt_text"参数,在"图片定位方式"参数值为"可选文字"时有效,用于指定需要替换图片的Alt_text。执行此命令前首先在需要替换的图片上添加Alt_text作为标记,添加步骤:右击图片→设置图片格式→布局属性→可选文字→说明。

"图片索引",在"图片定位方式"参数值为"索引"时有效,用于指定需要替换图片的索引,索引从1开始。

9.2　E-mail 自动化

电子邮件的应用非常广泛,在日常工作中常常涉及如邮件筛选和分类、邮件回复和转发、邮件附件处理等复杂、重复的任务。WeAutomate Studio 提供了丰富的、功能强大的控件来解决这些复杂、重复的工作。使用 RPA 技术来自动化电子邮件处理过程,如执行电子邮件的筛选、分类、回复、转发、附件处理等任务,能够有效提高工作效率和准确性。

WeAutomate Studio 中提供了基于多种方式和协议的收发邮件控件,包括 outlook 客户端、POP(post office protocol,邮局协议)、IMAP(internet mail access protocol,internet 邮件访问协议)、SMTP(simple mail transfer protocol,简单邮件传输协议)等协议,其中使用 outlook 收发邮件比较简单,但是要求运行 RPA 脚本的计算机上必须安装 outlook 客户端,脚本的可移植性不高,不推荐使用;推荐使用 IMAP 协议收取邮件,它的安全性更高,使用 SMTP 协议发送邮件,适合多邮箱账号发送邮件。本节只介绍"imap. getEmail/获取邮件(IMAP)"控件和 smtp. sendEmail/发送邮件(smtp)"控件,其他控件读者可以自行研究。

9.2.1　获取邮件(IMAP)

WeAutomate Studio 提供了"imap. getEmail/获取邮件(IMAP)"控件基于 IMAP 协议收取邮件,该控件和它的关键参数如图 9-13 和图 9-14 所示。

图 9-13　"imap. getEmail -获取邮件(IMAP)"控件及其关键参数

"imap.getEmail-获取邮件(IMAP)"控件能够基于 IMAP 协议获取邮件,可以根据时间、发送人、收件人、主题等筛选条件从邮箱服务器抽取符合指定条件的邮件存储到本地硬盘,并将已抽取的邮件信息通过 Object 类型的"邮件相关信息"变量返回,包括时间、发件人、主题、存放路径、邮件数目等字段。

"登录凭证"参数的配置页面如图 9-14 右侧所示,需要配置邮箱服务器、邮箱账号和邮箱密码三个字段,不同的邮件服务商有不同的 IMAP 服务器地址,如 163 邮箱的邮箱服务器地址为"imap.163.com",读者可以自行查询自己邮箱的 IMAP 服务器地址。邮箱密码字段一般要求使用邮箱的授权码,授权码的获取方法读者可自行搜索。需要注意的是,邮箱密码需要使用敏感类型参数存储,硬编码的密码存在安全风险,发布项目时会被清空。

"协议"参数用于指定邮箱协议,选项包括安全加密协议 imap4_ssl 和不加密协议 imap4,默认使用 imap4_ssl 安全协议,读者需要根据自己邮箱服务商提供的协议类型选择。

"服务器端口"参数用于指定邮箱服务器端口,993 为安全加密端口,143 为不加密端口,默认使用 993 端口,imap4_ssl 协议选择 993 端口,imap4 协议选择 143 端口。

图 9-14 "imap.getEmail-获取邮件(IMAP)"控件及其关键参数

"筛选邮件日期类型"参数用于指定筛选邮件日期类型,默认为"起始时间"。"起始时间"表示只用开始时间筛选邮件;"时间区间"表示使用开始时间和结束时间筛选邮件。

"筛选邮件日期"参数用于指定邮件的筛选日期。

"按相关人筛选"参数用于指定邮件相关人员的筛选条件,它的编辑界面如图 9-15 所示,可以设置邮件发件人、收件人、抄送人、接收人的筛选条件,各个条件之间是并且的关系。

"筛选主题"参数用于指定邮件主题的筛选条件。

"其他筛选条件"参数用于指定邮件状态(已读、未读、全部)和邮箱文件夹(收件箱或其他自建文件夹,收件箱必须填写 INBOX,默认 INBOX)的筛选条件,编辑界面如图 9-16 所示。

图 9-15　按相关人筛选编辑界面

图 9-16　其他筛选条件编辑界面

"接收设置"参数用于指定筛选邮件模式、是否改变邮件状态等，编辑界面如图 9-17 所示。筛选邮件模式指定只获取一封符合条件的邮件还是获取所有符合条件的邮件，默认获取全部邮件；不改变邮件状态用于指定读取邮件时是否将未读改为已读；筛选邮件内容类型用于指定获取邮件的内容，包括"只获取附件""只获取文本"和"获取邮件所有内容"三个选项，默认为"获取邮件所有内容"；"邮件保存模式"用于指定保存邮件内容的方式，包括"文件模式"和"文本模式"两个选项，默认为"文件模式"。

图 9-17　接收设置编辑界面

9.2.2　发送邮件（SMTP）

WeAutomate Studio 提供了"smtp.sendEmail-发送邮件（SMTP）"控件基于 SMTP 协议

发送邮件,该控件和它的关键参数如图 9-18 所示。

"登录凭证"参数配置与"imap.getEmail-获取邮件(IMAP)"控件的参数类似,注意邮箱服务器应该是 smtp 开头的 URL,其余不再赘述。

"协议"参数用于指定使用的邮局协议,默认使用 smtps_unidirectional_auth。smtps_unidirectional_auth 是安全单向验证,系统会自动加载用户导入的 CA(certificate authority,电子认证服务机构)证书或 Windows 系统默认的 CA 证书去验证服务器的安全性;smtps_bidirectional_auth 为安全双向认证,需要 SMTP 服务器支持双向认证且要传入客户端证书、客户端证书私钥、私钥密码。

"服务器端口"参数用于指定服务器端口。587 和 465 为安全加密端口,25 为不加密端口,默认使用 587 端口。

"客户端证书"参数,在"协议"参数值为"smtps_bidirectional_auth"时启用,用于导入客户端证书文件。

"客户端证书私钥"参数,在"协议"参数值为"smtps_bidirectional_auth"时启用,用于导入客户端私钥文件。

"私钥文件密码"参数,在"协议"参数值为"smtps_bidirectional_auth"时启用,用于导入客户端私钥文件密码。

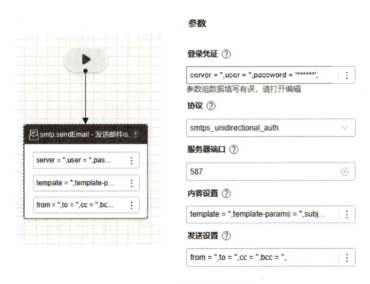

图 9-18 发送设置编辑界面

"内容设置"参数用于生成邮件正文,其编辑界面如图 9-19 所示,邮件正文模板为 HTML 文件路径或者邮件的正文,可以包含参数;邮件正文变量,为邮件正文模板中的参数提供值,使用 key:value 的方式表示,多条参数之间用","分隔;主题用于指定邮件的主题;正文图片可以设定邮件正文中的图片,格式为(image_path1,100,100|image_path2,10,102),图片路径为绝对

路径,后面可以指定图片大小,多个图片地址用"|"隔开;点击邮件附件中的文件选择框可选择需要添加的附件,手动输入文件时,多个附件地址用","隔开。

图 9-19　内容设置编辑界面

9.3　实训任务:值班表整合分发

9.3.1　任务情境

假如你是某家公司的办公室职员,每周由你收集各部门上报的值班表并汇总到一个文件中,汇总完成后通过邮箱发给指定的同事,现在需要用 RPA 来完成这项定期重复的任务。

9.3.2　任务分析

为完成上述任务,需要考虑以下问题。

(1)各部门上报值班表的收集,可以使用本节学习的"imap.getEmail-获取邮件(IMAP)"控件从邮箱收取指定时间内指定主题的邮件实现。

(2)各部门值班表的汇总,可以使用本节学习的 Word 文档操作控件读取各个部门的值班表,获取其中值班人员信息,最后再创建一个新的值班汇总文档,将所有部门的值班人员写入该文档后保存。

(3)值班汇总文档的分发,可以使用本节学习的"smtp.sendEmail-发送邮件(SMTP)"控件向指定的邮箱发送包含值班汇总文档附件的邮件。

9.3.3　任务实施

根据任务情境和任务分析,本节实训内容的脚本流程图如图 9-20 所示,根据图中流程,业务流程步骤如表 9-1 所示。

项目9 值班表整合分发——Word/E-mail自动化

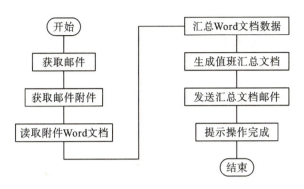

图 9-20 检索 RPA 应用脚本流程图

表 9-1 业务流程步骤

序号	步骤	活动	注意事项
1	创建"值班表整合分发"子脚本	新建子脚本	—
2	获取邮件	在脚本中新建"imap.getEmail-获取邮件（IMAP）"控件，并按要求填写参数	请提前准备好邮箱的授权码，并以 Sensitive 类型参数存储
3	获取邮件附件	在脚本中添加"getEmailPath-获取邮件文件路径"控件，根据邮件存放路径和文件扩展名获取邮件附件路径	注意及时清除已经处理的邮件
4	读取附件 Word 文档	添加"word.applicationScope-打开 word 文档"、"word.getDocumentTable-读取表格"等控件获取各部门的值班表	—
5	汇总 Word 文档数据	通过对多个部门值班表读出的 list 列表的整合，得到保存汇总后值班表的 list 列表	—
6	生成值班汇总文档	使用"word.createDocument-创建文档"控件创建汇总值班表文档，使用"word.insertText-在光标位置插入文本"控件添加值班表相关文字，使用"word.insertDataTable-插入表格"控件将汇总值班表 list 写入文档	—
7	发送汇总文档邮件	使用"smtp.sendEmail-发送邮件（SMTP）"控件向指定邮箱发送邮件	—
8	提示操作完成	添加"messageBox-消息窗口"控件，用于提示操作完成	—
9	结果验证	运行"值班表整合分发"子脚本，脚本运行完毕后，打开邮箱查看是否收到正确的值班表	提前向收集邮箱发送几份部门值班表

详细步骤如下。

（1）创建"值班表整合分发"脚本。打开 WeAutomate Studio，创建一个新的子脚本，并将其命名为"值班表整合分发"，如图 9-21 所示。

图 9-21　创建子脚本

（2）获取邮件。在新建的子脚本中添加"imap. getEmail -获取邮件（IMAP）"控件，请读者根据自己的邮箱设置"登录凭证""协议""服务器端口"等参数，"筛选邮件日期类型"参数设置为"起始时间"，将筛选日期设置为部门发送值班表日期之前的日期，筛选主题为各部门发送值班表的主题，这里设置的是"值班表"，其他参数采用默认值即可，以 163 邮箱为例，该控件的部分参数如图 9-22 所示。

（3）获取邮件附件。"imap. getEmail -获取邮件（IMAP）"控件获取的邮件默认存储在 %APPDATA%/antrobot/email 路径下，每封邮件命名都是日期时间＋邮件 ID＋邮箱名的格式，邮件内容保存到文件夹里，如图 9-23 所示，这些路径信息保存在"imap. getEmail -获取邮件（IMAP）"控件返回的对象变量 imapgetEmail_ret 中。为获取所有邮件中的附件，使用 For 循环遍历接收到的邮件，并使用"eval -运行 python 表达式"控件提取邮件文件夹路径，使用"getFileList -获取路径列表"控件获取该文件夹下后缀名为". docx"的文件，得到邮件附件的绝对路径，如图 9-24 所示。

项目9　值班表整合分发——Word/E-mail自动化

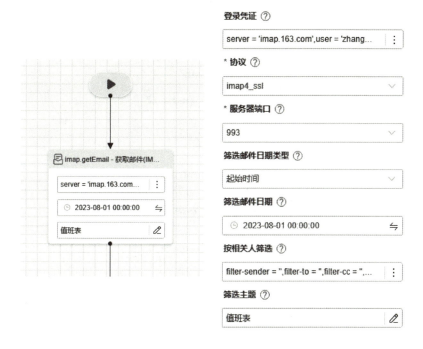

图9-22　"imap.getEmail-获取邮件(IMAP)"控件参数

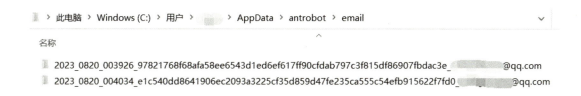

图9-23　保存收到的邮件文件夹

图9-24中For循环的数据集合为@{imapgetEmail_ret}.emails,条目名称为"mailinfo";执行结果为"email_path";"getFileList-获取路径列表"控件的参数如图9-24所示,下面"eval-运行python表达式"控件的表达式是"@{file_list}[0]",执行结果为"docfile"。至此,变量docfile即为各部门发送的值班表文档的绝对路径。

(4)读取附件Word文档。通过"word.applicationScope-打开word文档"控件打开docfile文档,调用"word.getDocumentTable-读取表格"控件读取其中的值班表数据存储在变量table_ret中,然后调用"word.closeApplication-关闭word"控件将已打开的文档关闭,如图9-25所示。

图 9-24 获取行数

图 9-25 读取附件 Word 文档脚本

(5)汇总 Word 文档数据。每个文档中的值班表都包括相同的表头和不同的值班人员,因此在工程中添加两个 Array 类型的局部变量 table_head 和 table_content,分别存储值班表表头和值班表人员,如图 9-26 所示。在循环遍历所有邮件时,用"eval-运行 python 表达式"控件将"@{table_ret}[0]"赋值给 table_head,用"eval-运行 python 表达式"控件调用 @{table_content}.append(@{table_ret}[1]),把所有部门的值班人员都追加到 table_content 变量中,如图 9-27 所示。

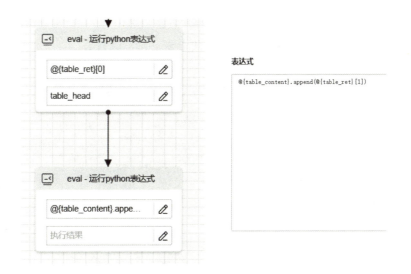

图 9-26 表头和内容局部变量

图 9-27 汇总 Word 文档数据

(6)生成值班汇总文档。For 循环遍历完所有邮件附件后,table_head 中存储了值班表表头,table_content 中存储了值班人员信息,只需要将二者合并,创建新文件并将合并后的数据写入即可,如图 9-28 和图 9-29 所示,包含以下步骤。

①用"getCurrentTime-获取时间"控件获取当前时间和当前周数,分别存储在 currentDate 和 currentWeek 变量中,为合并后文档的标题和签发日期做好准备。

②调用"word.createDocument-创建文档"控件创建一个新文档,文档目录和文件名分别为"D:\rpa_space"和"值班总表.docx",覆盖存在的文件设置为"True",这样每次都会重新生成

一个全新的文件。

③调用"word.setParagraphFormat-设置标题样式"控件设置当前光标所在段落的段落样式为标题样式,调用"word.insertText-在光标位置插入文本"控件插入标题,标题内容为"××公司第@{currentWeek}值班表"。

④调用"word.breakLine-换行"控件添加一个换行后,再次调用"word.setParagraphFormat-设置标题样式"控件设置当前光标所在段落的段落样式为正文样式。

⑤通过 eval 控件将表头和表内容合并成一个二维数组,该 eval 控件的表达式为:@{table_content}.insert(0,@{table_head})。

⑥调用"word.insertDataTable-插入表格"控件将合并后的二维数组写到文档中。

⑦调用"word.moveCursor-移动光标"控件,移动单位参数设置为整个文档,将光标移动至文档末尾。

⑧调用"word.insertText-在光标位置插入文本"控件,添加签署日期文字,文字内容为"签发日期:@{currentDate}"。

⑨调用 word.closeApplication 保存并关闭合并文档。

至此,完成值班总表的整合工作,生成了"值班总表.docx"文件。

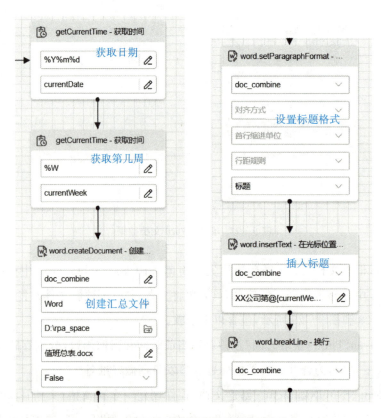

图 9-28 生成值班汇总文档程序(1)

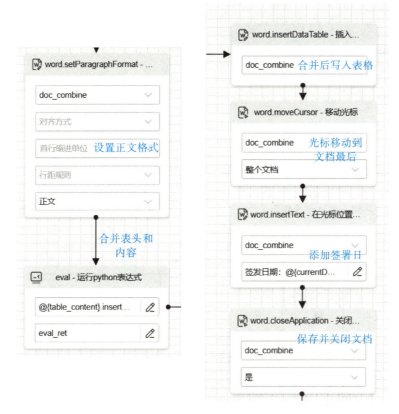

图 9-29　生成值班汇总文档程序(2)

(7) 发送汇总文档邮件，调用"smtp.sendEmail-发送邮件(SMTP)"控件将汇总后的值班总表文件以附件的方式发送给指定的邮箱。请根据自己邮箱的实际参数配置登录凭证、协议、服务器端口等参数，内容设置界面如图 9-30 所示，邮件正文设置为"附件为本周值班表，请查收"，邮件主题设置为"汇总值班表"，邮件附件设置为前面程序生成的"值班总表.docx"的保存路径。

发送设置界面如图 9-31 所示，读者应根据自己的邮箱情况自行设置。这里需要注意的是，如果收件人、抄送人及秘密抄送人有多个，那么邮箱地址之间应用","分隔。

(8) 提示操作完成。添加"messageBox-消息窗口"控件，在程序正常运行完毕后提示"值班表处理完毕！"。

(8) 结果验证。在运行脚本前，向收取邮箱发送如图 9-32 和图 9-33 所示的部门值班表。运行"值班表整合分发"子脚本，待提示"值班表处理完毕！"后，查看本地"D:\rpa_space\值班总表.docx"文件，如图 9-34 所示。登录接收汇总值班表的邮箱可以看到如图 9-35 所示的邮件。

内容设置

邮件正文模板 ⑦
附件为本周值班表，请查收

邮件正文变量 ⑦
邮件正文变量，template中的参数，使用key:value表示,多参用","

主题 ⑦
汇总值班表

正文图片 ⑦
正文图片，可以指定图片大小(image_path1,100,100|image_pat...

邮件附件 ⑦
D:\rpa_space\值班总表.docx

发送设置

发件人 ⑦
＊＊＊＊＊@163.com

收件人 ⑦
＊＊＊＊＊@163.com

抄送人 ⑦
＊＊＊＊＊@qq.com

秘密抄送人 ⑦
秘密抄送人(多个用";"隔开)，to,cc,bcc至少选择一个

图 9－30　内容设置界面　　　　　　　　图 9－31　发送设置界面

办公室值班表

部门/日期	周一	周二	周三	周四	周五	周六	周日
办公室	小张 1581234111	小丽 1581234222	小旺 1581234333	小二 1581234444	小武 1581234555	小洲 1581234666	小正 1581234777

签发日期：20230820

图 9－32　办公室值班表

保卫处值班表

部门/日期	周一	周二	周三	周四	周五	周六	周日
保卫处	张三 1361234111	李四 1361234222	王五 1361234333	刘二 1361234444	吴一 1361234555	周百 1361234666	郑千 1361234777

签发日期：20230820

图 9－33　保卫处值班表

××公司第33周总值班表

部门/日期	周一	周二	周三	周四	周五	周六	周日
保卫处	张三 1361234111	李四 1361234222	王五 1361234333	刘二 1361234444	吴一 1361234555	周百 1361234666	郑千 1361234777
办公室	小张 1581234111	小丽 1581234222	小旺 1581234333	小二 1581234444	小武 1581234555	小洲 1581234666	小正 1581234777

签发日期：20230820

图 9-34　生成的汇总值班表文档

图 9-35　邮箱收到的值班表邮件

9.4　项目小结

本项目主要介绍了 WeAutomate Studio 在 Word 文档处理和邮件处理方面的应用。在 Word 文档处理方面，WeAutomate Studio 可以根据预定义的模板或规则自动创建、编辑和格式化 Word 文档，还可以合并和拆分文档。在邮件处理方面，WeAutomate Studio 支持多种邮件收发协议，可以进行自动收发邮件、筛选和分类邮件，以及处理附件。

在 Word 自动化方面，WeAutomate Studio 提供了丰富的控件，包括打开、关闭和保存文档的控件，文本读取和替换的控件，以及表格和图片处理的控件。通过这些控件，可以实现对

Word文档的各种操作，包括创建、编辑、保存和格式化等。

在邮件自动化方面，WeAutomate Studio提供了支持IMAP协议和SMTP的控件，可以实现邮件的收取和发送。通过这些控件，可以实现筛选和分类收件箱中的邮件，并提取和处理附件以及发送邮件并附带附件。

使用这些控件，完成了值班表整合分发任务。通过收取各部门的值班表邮件，将其汇总到一个Word文档中，并发送给指定的同事，以减少人工操作的工作量，提高工作效率。

前沿资讯

学以致用　身体力行

恽代英是中国共产党创建时期的重要领导人之一，著名的教育家、理论家和青年运动的领袖。他一生留下了近300万字的著述，涵盖了哲学、政治、经济、军事、文化、教育等各个领域，这些思想既是他严谨治学、学以致用的真实记录，也是他短暂一生中治学经验的积累和实际运用。

恽代英反对无目的的"书痴"式、"业儒"式的读书，倡导读书"不要忘了社会的实际生活，社会的实际改造应用"。在他看来，读书的致用就是要与实际生活相结合，就是要寻找救国救民的真理和现实道路。不论是在新文化运动中，还是在教育实践和革命工作中，恽代英始终坚持学习与实践相结合的原则，他认为求学要考虑社会的需求，要把学问用在服务社会上，他是这么说的，也是这么做的。

——摘自《学习时报》焦丽萍文章《恽代英：学以致用　身体力行》

生活在困苦年代的革命先烈尚能做到学以致用、身体力行，作为正在建设社会主义现代化国家的理工科学生的大家，更应该理论联系实际，将所学的知识和技术应用到实际生活和工作中，解决身边的问题，创造价值。在解决问题的过程中，我们不仅可以解决具体的问题，还可以锻炼自己的思维能力、创新能力和解决问题的能力。通过实践和应用，我们可以更好地理解和掌握所学的知识，发现其中的不足和不完善之处，并进一步改进和提升。同时，解决实际问题还可以帮助我们拓宽视野，增强对问题的洞察力和分析能力。

因此，我们应该注重将学到的知识和技能转化为实际行动，积极解决问题，不断提升自身的能力和水平。通过不断学以致用，我们可以不断成长和进步，为建设我们的国家贡献更大的力量。

课后练习

一、选择题

1. WeAutomate Studio在Word文档处理中不能实现以下哪种操作？　　（　　）

　　A. 创建、编辑和更新表格和图表　　　　B. 合并或拆分多个Word文档

C. 批量打印多个 Word 文档　　　　　　D. 打开、关闭和保存 Word 文档

2. 下列不属于常用邮件传输协议的是？ （　　）
   A. POP　　　　B. SMTP　　　　C. IMAP　　　　D. FTP

3. 下列哪个是最适合多邮箱账号发送邮件的控件。 （　　）
   A. outlook. sendEmail/发送邮件　　　　B. pop. getEmail/获取邮件
   C. smtp. sendEmail/发送邮件　　　　　D. imap. getEmail/获取邮件

4. Word 文档中，哪个控件可以用于读取指定位置的文本内容？ （　　）
   A. word. createDocument/创建文档　　　B. word. insertText/插入文本
   C. word. ReadText/读取文本　　　　　　D. word. ReplaceText/替换文本

5. 以下关于华为 WeAutomate RPA 中 Word 操作的描述，错误的是哪一项？ （　　）
   A. word. AddPicture：在 word 文档开始添加图片
   B. word. AppendTextword：文档末尾追加文本内容
   C. word. ApplicationScope：打开 word 文档
   D. word. CloseApplication：关闭并保存 word 文档

6. 在 Word 文档处理中，如何将多个文档合并为一个？ （　　）
   A. 使用"word. ReadText -读取文本"控件
   B. 使用"word. ReplaceText -替换文本"控件
   C. 使用"word. createDocument -创建文档"控件
   D. 使用"word. saveDocument -保存文档"控件

7. WeAutomate Studio 中的"word. applicationScope -打开 word 文档"控件的作用是？ （　　）
   A. 关闭 Word 文档　　　　　　　　　B. 保存 Word 文档
   C. 打开 Word 文档并提供操作对象　　　D. 创建新的 Word 文档

8. smtp. sendEmail/发送邮件控件发送邮件时，使用的协议是？ （　　）
   A. POP　　　　B. Outlook　　　　C. IMAP　　　　D. SMT

9. 下列邮件收发控件中，需要安装配置 outlook 客户端的是？ （　　）
   A. outlook. sendEmail　　　　　　　B. pop. getEmail
   C. imap. getEmail　　　　　　　　　D. smtp. sendEmail

10. 在 WeAutomate Studio 中，可以使用哪个控件关闭已打开的 Word 文档？ （　　）
    A. "word. ReadText -读取文本"
    B. "word. applicationScope -打开 word 文档"
    C. "word. closeApplication -关闭 word 文档"
    D. "word. saveDocument -保存文档"

二、填空题

1. Word 文档的读取操作控件有_____。
2. 发送邮件的协议控件有_____。

三、判断题

1. WeAutomate Studio 可以自动合并多个 Word 文档为一个。　　　　　　　　（　　）
2. Word 文档的保存可以使用"word.saveAs -文档另存为"控件。　　　　　　（　　）
3. WeAutomate Studio 既可以使用 outlook 客户端收发邮件，也可以使用 IMAP 和 SMTP 协议。　　　　　　　　　　　　　　　　　　　　　　　　　　　　　　　　　　　　　（　　）
4. "imap.getEmail/获取邮件（IMAP）"控件可以用于收取邮件。　　　　　（　　）
5. 使用 WeAutomate Studio 进行邮件收发时，需要提供 SMTP 服务器和端口号。（　　）

四、简答题

1. 请简要说明 WeAutomate Studio 在 Word 文档处理方面的一些功能和控件。

2. 请简要说明 WeAutomate Studio 在邮件处理方面的一些功能和控件。

3. 请简要描述实施值班表整合分发的任务流程和具体方法。

4. 请简要描述 Word 文档读取和写入的一些常用操作。

5. 请简要描述邮件收取和发送的一些常用操作。

RPA 与 Linux 综合实训

　　本部分内容旨在介绍机器人流程自动化训练中涉及的相关基础知识、调试技巧以及与 Linux 脚本编程的互学方法。以录屏器、自动发事件和消息记录处理等案例为基础，在项目实施过程中体会探索、调试和创新的技巧。

　　自顶向下是复杂系统开发中的重要设计方法，也是信息时代软硬件项目的通用管理模式。实训项目虽相对简单，但采用自顶向下的设计思维亦尤为重要。只有从宏观上把控整体结构和流程，才能更好地针对细节功能进行适配和探索，使主线不混乱且细节目标明确。

　　通过学习本篇内容，可以对机器人流程自动化项目以及 Linux 平台下的项目开发建立全局化的结构和实现过程认知，从而培养从构思到技术实现的实践能力。这对于养成自顶向下的设计风格尤为重要。也对提高系统开发能力和项目管理素养具有重要意义。

实训 1　录屏器

学生日常会使用录屏软件来记录操作过程或者录制课堂内容。本实训以这个简单的项目为例,展示了项目开发过程中自顶向下、逐步完善细节的流程。即在整体功能的指导下,深入理解细节功能的探索与组合,从而形成更完善的开发思路。

S1.1　执行流程

录屏器需要定期截取屏幕内容并保存成图片,然后将所截取的图片按顺序合成一个视频。仔细分析这个功能及其实现的流程,不难发现还需要一个指定录屏时长的计数值,在录屏开始后确定何时结束。因此,需要一个控制次数的功能块、一个截取屏幕并保存成图片的功能块,以及一个定期延迟的功能块,而后两个功能块还要按次数组成一个循环结构。此外,循环结束后还需要一个能合并若干图片为视频的功能块,此功能块只执行一次。显然,这几个功能块的合理组合即可完成项目的需求,根据工作流程易知所需要的组合方式如图 S1-1 所示。

执行流程是项目最重要的骨架性结构,它定义了项目的功能块组合方式。无论使用哪种编程语言,都可以根据执行流程选择编程语言所提供的、合适的功能块来完成项目开发。本实训将介绍基于 RPA 开发环境的和基于 Linux 脚本语言的两种实现方法(后简称:"RPA 方法"和"Linux 脚本方法"),并重点比较它们的功能块异同。通过对比这两种实现方法,我们可以更深入地理解功能块组合的重要性。

当然,根据用户的不同需求,执行流程可以适当调整。例如,如果想避免录屏的第一张图片是 RPA 开发环境的界面,可以在第一次截取屏幕之前添加一定的延迟时间。改进后的执行流程如图 S1-2 所示。

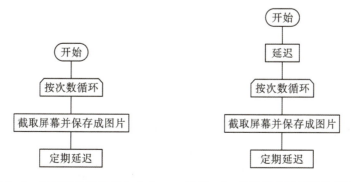

图 S1-1　录屏器功有块组合方式　　图 S1-2　改进后的录屏器执行流程图

读者可能会有一个疑问：WeAutomate Studio 已经提供了直接录屏的功能，为什么我们还需要讨论定期截取屏幕并最终合并图片这种"原始"的实现方式呢？实际上，任何编程语言提供的功能块都无法涵盖所有现实问题，但解决任何现实问题都可以通过组合多个较小的功能块来完成。直接使用编程语言提供的方案解决问题可能更简单和直接，但对于初学者，"原始"的解决方式能更好地锻炼将小功能块组合成更复杂功能块来解决问题的创造力。

S1.2　RPA 方法

S1.2.1　功能块选择

在 RPA 开发环境中查找所需要的基本功能块：控制次数的功能块、截取屏幕并保存成图片的功能块、定期延迟的功能块，以及合并若干图片为视频的功能块。

第一步，找到控制次数的功能块。在"流程控制"类别中找到名为"遍历/计次循环"的功能块，英文名是"For"。该控件有"数据集合"和"条目名称"两个属性，其中"数据集合"表示要遍历的集合数据，可以取值字符串、列表等可迭代数据类型，迭代数据的个数表示循环的次数；"条目名称"表示每次迭代集合数据取到的值。以使用该控件显示数字 0～2 为例，如图 S1-3 所示。

图 S1-3　For 循环显示 0～2 的流程图

首先，将"数据集合"设置为"range(3)"，range(N) 函数可以生成一个包含整数 0～N 的集合数据，当 N＝3 时，生成的集合为[0,1,2]；其次，将"条目名称"设置为"meige"，循环体每执行一次，meige 指向 range() 函数生成的数据集合中的下一个元素；最后，在 Entry 箭头下的循环体中添加"messageBox-消息窗口"控件，通过@{meige}的格式调用每个元素。运行该程序，将依次显示"0""1""2"。同理，如果将"messageBox-消息窗口"控件中的调用语句改成"hello@

{meige}",运行结果为"hello0""hello1""hello2"。

注意:"数据集合"除了设置成 range(N)函数外,也可以使用在前置流程中生成的可迭代数据,通过@{数据名}的格式调用。

第二步,将循环体设置为截取屏幕并保存成图片的功能块。在"操作系统"类别中找到"clipImage-截图"控件。需要注意的是,截取屏幕并保存成图片时每次保存的图片名字不能相同,否则每次截图都会覆盖前一张图片,最终只剩下一张图片。如图 S1-4 所示,将 For 循环中的循环变量 meige 用于构建图片的名字,将图片名设置为 pic@{meige}.jpg 即可。保存的图片路径形如"d:\pic1.jpg""d:\pic2.jpg"等。

图 S1-4 模块参数设置

注意:"clipImage-截图"控件的"左上角坐标"和"右下角坐标"设置为空,表示默认情况下截取整个屏幕。

第三步,设置定期延迟的功能块。否则,截取屏幕的功能块将以可能的最快速度运行,即 RPA 运行时屏幕是接近卡死的状态,直到截取总次数达到为止。这显然不是我们所希望的效果。在"流程控制"中找到"delay-延时操作"控件。要注意该功能块的延时单位是毫秒(ms),所以,设置延迟时间为 1000 表示以 1 s 的延时截取屏幕。

第四步,设置合并若干图片为视频的功能块。RPA 并没有直接提供此类功能块,但提供了执行外部程序的功能块——"runAppProgram-运行应用程序"控件。因此,只要找到一个能完成此功能的外部程序,就可以让 RPA 调用此外部程序完成所需功能。ffmpeg 命令是 Windows 平台和 Linux 平台通用的图片视频处理工具,能合并图片为视频,还提供了拆分视频为图片等功能,完全可以完成此需求。

S1.2.2 功能块组合与联系分析

在项目的执行流程指导下,将所找到的几个功能块连接起来,即可完成所需功能,得到的 RPA 流程如图 S1-5 所示。其中,For 功能块的 Exit 箭头指向循环结束后将执行的功能块,不参与循环,而 Entry 箭头指向作为循环体的功能块,该功能块按循环次数执行 N 次。

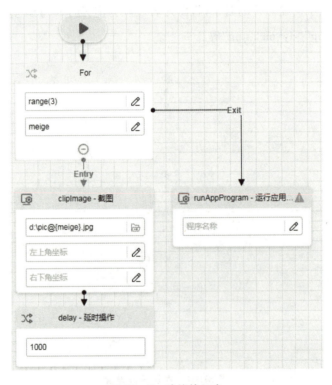

图 S1-5 功能块组合

与执行流程对比可见,RPA 各个图形功能块与文字形式描述的执行流程中各个步骤之间存在着一一对应的关系,如图 S1-6 所示。

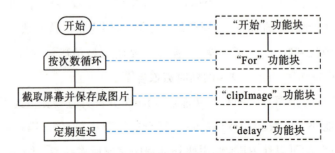

图 S1-6 RPA 功能块与执行流程的对应关系

功能块组合时要充分注意前后功能块之间的联系。执行流程中，"clipImage-截图"控件和"delay-延时操作"控件组成了"For-遍历/计次循环"控件的循环体，而"runAppProgram-运行应用程序"控件则是循环结束后执行的功能块。除了这种执行先后顺序的联系之外，前后功能块之间还存在着数据的联系，RPA中表示这种联系的方法是用"变量名"和"@{变量名}"的形式，如meige和@{meige}。因为RPA后台是用python语言实现的，所以变量名需要符合python语言的变量命名规则，即非数字开头的字母、数字和下划线的任意组合。前已述及，"For-遍历/计次循环"控件中的循环变量的名字要在"clipImage-截图"控件中用到，使每次保存的图片都是不同的名字，从而保证每次截取的屏幕图片不被覆盖。"runAppProgram-运行应用程度"控件与前面的功能块没有直接的联系，只要保证前面的循环全结束再开始执行即可。实际上，这也是一种隐式联系，前面的循环全结束的等价描述就是D盘上已经有了所需数目的截图文件，此时才能开始合并图片为视频。

此类前后功能的联系分析，尤其是隐式联系的分析在RPA项目中极为重要。"图片合并为视频"命令ffmpeg的用法细节可以通过查询帮助手册或网络资源获取，此处不再赘述。本实训项目中，"runAppProgram-运行应用程序"控件中应填入 ffmpeg -i d:\%d.jpg out.mp4。

S1.2.3 联系分析与方法迁移

事物的联系具有普遍性。组成一个整体方案的各个小功能块之间也存在着紧疏程度不同的联系。在此重点分析一下Linux脚本语言中联系的表达方式，为的是方便从RPA方法向Linux脚本方法迁移。

与RPA方法类似，Linux脚本命令也是由功能单一的基本脚本命令前后组合而成，前后各级基本脚本命令之间也要传递数据。Linux脚本语言中，前后各级基本脚本命令之间有两种常用的数据传递方式：其一，前级命令生成的数据在后一级命令中仍然用作数据，这时不管有多少行数据，都是一次性传递的，这种纯粹数据性的传递在Linux脚本语言中用数据管道"|"实现；其二，前级命令的数据传递到后一级时用作命令参数，会因此引发动作，如打印信息到屏幕、发送信息到网络上其他机器的某端口中等等，这种数据传递方式用命令管道"| xargs -i"来指定。其他如嵌入管道等高级用法此处不再展开。

下面按照Linux脚本语言前级和后一级命令的两种不同数据传递方式，来对比分析在本项目中RPA方法中前后功能块的联系应如何用Linux脚本语言表述。

控制次数的功能块和截取屏幕并保存成图片的功能块之间的联系有两类：一类是指定"For-遍历/计次循环"控件的数据集合中的每个元素都要对应地执行一次截屏并保存的操作，即由每个数据指定一次执行动作，这种联系可以通过 xargs -i 来指定；另一类联系是循环体在执行时需要用到"For-遍历/计次循环"控件数据集合中的每个元素的值，此处用作截取屏幕并保存成图片的图片文件的名字，这种联系在Linux脚本语言中用符号"{}"表示，它需要和命令管道配合使用。

定期延迟功能块只要保证按所需的执行顺序执行即可,没有数据传递。

最后是合并若干图片为视频的功能块,它和前面的功能块也没有直接联系,和定期延迟功能块一样,只要保证前后执行顺序正确即可。必须保证循环结束才能执行合并若干图片为视频的功能块,这本身也是一种前后执行顺序的联系;执行顺序的联系在 RPA 中用控件之间的连线表示,而在 Linux 脚本语言中则要用符号严格地表示清楚。

执行顺序的联系在 Linux 脚本语言中比 RPA 的连线方式更细致。主要差异在于 Linux 脚本语言要根据前面功能块执行情况是成功还是失败来决定后续功能块是否执行。符号";""&&""||"依次表示后续功能块无条件执行、只有前面功能块正确才执行和前面功能块执行出错时才执行。例如,执行以下 Linux 脚本。

```
z@ubuntu:~$ mkdir zzz3 && ls -la zzz3
total 0
drwxrwxr-x 2 z z  40 Apr  1 22:35 .
drwxr-xr-x 9 z z 520 Apr  1 22:35 ..
z@ubuntu:~$ mkdir zzz3 && ls -la zzz3
mkdir: cannot create directory 'zzz3': File exists
```

程序的两次运行结果说明第一次建立目录 zzz3 时,zzz3 不存在,所以 mkdir zzz3 是成功的,根据 && 的功能可知后面的 ls 可以运行,运行的结果显示出目录 zzz3 中没有文件,而只有"."和".."两个目录。第二次运行相同的命令时,因为目录 zzz3 已经存在,所以 mkdir 报出"File exists"的错误(Linux 中"File"也时常表示目录),表示无法新建目录 zzz3,此时根据 && 的功能,后面的 ls 就无法运行,也就没有再一次列出目录中的内容。

如果用"||"连接 Linux 脚本,运行结果就完全不同。例如:

```
z@ubuntu:~$ mkdir zzz3 || echo "已经存在"
mkdir: cannot create directory 'zzz3':File exists
已经存在
```

程序的运行结果表示前面的 mkdir 执行失败了,后续的 echo 才执行,而 echo 的功能是将其后面的文字"已经存在"放到屏幕上。

如果改用";"连接 mkdir 和 echo,则不管前面的 mkdir 是否成功,后续的 echo 命令都要执行。

综上所述,RPA 和 Linux 脚本语言本质上都是将功能块按执行流程组合起来,组合时要指定前后功能块之间的联系。RPA 用功能块之间的连线指定执行顺序,用变量名指定数据传递的联系;对应地,Linux 脚本语言用精准的符号"|""| xargs -i""{}"传递数据的联系,用";""&&""||"指定执行顺序的联系。可见,从 RPA 过渡到 Linux 脚本是比较自然的,本质上是联

系指定的方式变得更加细致。需要先熟悉两者共有的数据传递方法,再习惯使用 Linux 脚本语言准确描述前级和后一级命令之间的所有联系。Linux 脚本语言对联系的描述不允许有一丝模棱两可,初学者需多次与 RPA 功能块作对比才能深入理解这种精确描述的用法。

S1.3　Linux 脚本方法

S1.3.1　执行流程的变化与分析

RPA 流程中的各个图形功能块与文字形式描述的执行流程中的各个步骤存在着一一对应的关系。功能细节与功能块之间的映射较为简单,因为每个功能块都对应着执行流程中的一个特定步骤。然而,在使用 Linux 脚本语言时,我们需要用多个命令来组合实现一个功能。此外,两者的不同还表现在 Linux 没有"开始"功能块,在执行 Linux 脚本命令时,随着用户的回车操作脚本就开始执行。

如图 S1-7 所示,按次数循环这个功能在 RPA 方法中与"For-遍历/计次循环"控件对应,而在 Linux 脚本方法中,这个功能被细分成了两个功能块的组合。实际上,RPA 流程中的循环也由两部分组成,即先用 range(N) 函数生成 N 行数据,再为每行数据执行一次循环体。对应的 Linux 脚本功能分别为"生成指定行数的数据"和"一行执行一次"。

图 S1-7　Linux 功能块与执行流程的对应关系

初学者可能会产生这样的质疑,为什么 WeAutomate 中一个简单的功能块在 Linux 脚本方法中偏要拆分成两个子功能块的组合,难道是因为 Linux 脚本的表达能力不如 RPA 流程脚本?其实这是因为 Linux 基本的脚本命令只有大约 20 条,要解决稍微复杂的问题都必须使用多个基本脚本命令进行组合创造。也正因如此,Linux 脚本语言对于培养创造力是十分理想的工具,用户只要熟练掌握基本脚本命令及其核心功能,就可以在此基础上通过组合创造完成很多复杂的功能。

S1.3.2 生成若干行数的功能块

Linux 脚本语言中没有直接控制执行次数的模块,需要两个功能块组合:生成若干行数的功能块和一行执行一次的功能块。后一个功能块一般用命令管道"| xargs -i"实现,而前一个功能块的实现方法比较多,此处简单列举几个例子。

(1) seq N。例如,seq 5,表示生成 5 行数。其中 N 可以是任何数值,当 N 为负值时,程序也可以执行,但不会生成任何结果。此命令还可以扩展成"seq 开始值 增量 终止值"的形式,而且只要终止值小于开始值,增量用负值也是有意义的。

(2) echo{N_1…N_2}|tr'\n'。例如,echo {1..5} | tr '\n',表示先生成一行数据"1 2 3 4 5",再用 tr 命令把数值之间的空格换成回车。这种两个功能块的简单组合是 Linux 脚本语言中最基本的创造。在 Linux 脚本语言中,这种组合是无处不在的。

(3) echo{N_1…N_2}|sed 's/ /\n/'g。sed 也同样可以实现把数值之间的空格换成回车的功能。其中,sed 的 s 子功能表示正则表达式的替换,替换前的内容是/ /,表示空格,要替换成回车符\n,因此结果还是 N 行数。

(4) echo{N_1…N_2}awk'{for(i=N_1;i<=NF;i++)print $i}'。awk 中的程序段表示把用空格间隔开的各字段用 print 显示,而 print 会自动加一个回车,从而使结果从一行数据变成多行数据。

(5) echo{N_1…N_2}|grep-o "[0-9]*"。使用正则表达式搜索命令 grep 将连续的多个数字作为匹配项打印出来,打印时自动加一个回车,而-o 参数表示打印时只打印匹配的区域而不打印匹配区域所在的整行。分析可知,最终效果也是 N 行数据。

(6) dd if=/dev/urandom count=N bs=1 | xxd-p-c 1。表示先用 dd 命令生成 N 字节的随机数据,再用 xxd 命令显示为 16 进制的形式,参数-c 1 表示一行一个数据,则最终效果也是 N 行数据。虽然这种方法生成的数据是以 16 进制形式(两个字符)表示的随机字节,但在本实训任务中同样适用,因为后面的功能块是一行执行一次,而不限定前面生成的 N 行数据必须是连续的,组合后同样也是要执行 N 次。

(7) 与 echo 后面可以接不同的命令相类似,dd 后面也可以用不同的命令来处理 16 进制数据。例如,dd if=/dev/urandom count=N bs=1 | LANG=C sed 's/./a\n/g'表示每个字节用 sed 替换成 a 和回车,整体效果上是 N 行 a,用于一行触发一次执行操作也是完全一样的。

(8) dd 和 xxd 组合的方案中,也可以让 xxd 少做一些事,而整体上拆分为三步完成。例如,dd if=/dev/urandom count=N bs=1 | xxd-p | sed 's/\(..\)/\1\n/g',表示先用 dd 生成 N 个数据,用 xxd 的-p 功能显示成随机形式,如 d218be9013,最终用 sed 将每个两个字符后插入一个回车。其中,正则表达式\(..\)表示每两个字符作成一个区域,而\1\n 表示替换成原来的内容且加一个回车;因此,整体效果还是生成了 5 行数据,尽管各行是"d2""18""be"形式的随机数据。

(9) 因为 grep-o 可以抽取匹配项之后自动回车,所以以上方法的第三步可以变化,例如,成

为 `dd if = /dev/urandom count = 5 bs = 1 | xxd-p | grep-o ..`。因为 grep 的-o 参数就自动在每两个字符后加了回车，最终整体效果上仍是 5 行数据。

（10）除了 seq、echo、dd 之外，生成数据还可以用 awk 命令，例如 `echo | awk 'END{for(i = 1;i< = N;i + +) print i}'` 就表示用 awk 的循环生成 N 行数，但是 awk 之前必须有数据流，所以要用 echo 或别的命令提供一个数据流，因此，`date | awk 'END{for(i = 1;i< = 5;i + +) print i}'` 甚至是 `ping -c 1 localhost | awk 'END{for(i = 1;i< = N;i + +) print i}'` 也可以实现相同的功能。

（11）此外，如果有了一个长文件，还可以用 `cat name | head-n N` 或 `cat name | tail-n N` 来生成 N 行数据，表示抽取文件的前几行或后几行，虽然每行中的数据可能很长，但对于触发后面的一行执行一次的功能块都是一样可用的。

综上所述，生成若干行数的功能，在 Linux 脚本中存在太多的实现方法，甚至还会有很多方法等待被发现，此处不再展开。用所生成的若干行数，再配合一行执行一次的功能块即可实现控制次数的需求。

S1.3.3　一行执行一次的功能块

实现一行执行一次的功能，可以使用命令管道中的"| xargs -i"方法，也可以使用其他方法，但其他方法在应用上通常不如命令管道方便。例如，命令 awk 自带的 system 函数可以执行其他命令。通过使用该函数，我们可以实现将特定命令应用到每行数据上的效果。例如，使用命令 `seq 5 | awk '{system("echo ha");}'` 可以打印出 5 行 "ha"。此时，类似于命令管道中变量名使用 {} 的方式，在 awk 中可以使用"$1"来表示每行数据的第一列内容。因此，可以使用命令 `seq 5 | awk '{system("echo ha" $1);}'` 来实现每行打印出"ha"加上该行数据的第一列的内容。

当需要将一行数据分割为多个不同字段时，使用传统的命令管道方法可能不太有效，而 awk 仍然是一个可行的选择。使用 awk 可以更方便地处理每行数据的不同字段，并根据不同的需求执行相应的操作，而不需要手动编写复杂的管道命令来达到目标。在后续实训中，我们将多次使用 awk 来实现一次执行一行的功能。

S1.3.4　Linux 功能块组合的简捷性

Linux 脚本语言的初学者会有一种脚本命令很长且形式上乱七八糟的感觉，这是因为没有抓住关键点；实际上，只要理解了命令管道"| xargs -i"和数据管道"|"分隔的功能块是一级级串联在一起的，与 RPA 方法中用带箭头的直线将功能块连接在一起在本质上是一样的，就可以理解两种不同形式在功能上的等同性。

RPA 方法在更高层次上组合功能块时所用的"block 功能块"控件，在功能上完全等于 Linux 脚本语言的"；"，即一种无条件的前后顺序执行。要实现"&&"或"||"描述的功能时，

RPA方法是比较费力的,需要引入"If-条件分支"控件来判断结果并选择不同的分支来执行,因此Linux脚本语言在更高层次的功能块组合时,前后功能块的联系指定得更精准且更简洁。

RPA的"block-功能块"控件可以嵌套使用,提供了类似编程语言函数封装的功能,与之相应的是,Linux脚本语言也提供了脚本文件的执行功能,即脚本文件中放置的脚本命令可以用"./文件名"的形式一键执行。脚本文件中可以放置多条基本脚本命令及其组合,还可以执行其他脚本文件,而其他脚本文件中又可以执行别的脚本文件,类似其他编程语言中函数的多层嵌套调用。因此,两者的功能嵌套也是形式不同而功能相同。

一般情况下,Linux脚本命令不建议放到文件中一键执行,而是直接在终端界面上以手工临时输入的方式执行。这一点通常令初学者费解,但有项目开发经验的用户就能体会到这种风格在项目管理上的好处。这是因为管理多个脚本文件很多时候会得不偿失。

一方面,遇到新问题时找到对应的脚本文件需要时间。并且很多情况下新问题不能与已经存在的任何脚本文件直接匹配,这时就要再次改造某个或某几个已经存在的脚本文件,生成一个新的脚本文件,新项目保存后又增加了未来需要管理的项目的总数。

另一方面,依赖现有脚本文件会导致人的即时创造力大幅度削减。Linux脚本语言中常用的基本脚本命令只有20多个,复杂的功能完全可以靠用户组合基本脚本命令来实现,方法的多少和简捷程度取决于用户创造力水平的高低。用户在长期练习中自然习得各基本脚本命令的参数及功能,而且随着使用频率的不断提高,对基本脚本命令越来越熟悉,组合创造复杂功能时也越来越快速,能根据新问题迅速临时创造出方法,有利于用户以创造者的身份很好地掌控技术,而不被技术所拖垮。

S1.3.5 截取屏幕的功能块

Linux系统提供了多种截取屏幕的命令,其中包括scrot等。这些命令并非基本的脚本命令,需要根据实际项目需求而进行临时学习和应用。因此,用户只需快速查阅命令的用法,无需强记每个命令的具体细节。

举个例子,如果想要将截取的屏幕保存为名为"1.jpg"的图片,可以使用命令 scrot 1.jpg。这样,截取的屏幕内容就会保存为名为"1.jpg"的图片文件。再通过简单的命令组合,就可以实现最基本的自动化操作。例如,要连续截取1000次屏幕并保存为名为"1.jpg"……"1000.jpg"的文件,可以使用命令 seq 1000 | xargs -i scrot {}.jpg。

如果需要在屏幕截取过程中添加延迟控制,可以使用命令 seq 1000|xargs -i scrot -delay 2 {}.jpg。这表示每隔2 s截取一次屏幕,并将结果保存为以数字命名的图片文件。然而,需要注意的是,由于scrot命令提供的延迟功能不允许小于1 s的延迟时间,所以在需要更精确的延迟控制时,可以使用专门的延迟命令sleep。这种命令的组合使用,展现了Linux系统中的组合思想,即充分发挥每个命令的特点,实现更丰富的操作。

S1.3.6 定期延迟的功能块

在 Linux 系统中，常用的定期延迟命令是 sleep。例如，使用命令 sleep 0.5 表示延迟 0.5 s。可以将此命令与截取屏幕的命令及控制执行次数的命令组合起来，实现定期延迟并进行屏幕截取的功能。例如，可以使用命令 `seq 1000 | xargs -i bash -c "scrot {}.jpg;sleep 0.5"` 来实现每隔 0.5 s 截取一次屏幕并保存为以数字命名的图片文件。在这个命令中，使用了 bash -c 来打包并执行 scrot 和 sleep 两条命令，然后重复执行 1000 次。

此外，如果需要实现秒级的延迟，可以使用命令 `ping -c 5 localhost` 来延迟 4 s。这里的"-c"参数的值和延时的秒数之间相差 1。因此，可以使用命令 `seq 1000 | xargs -i bash -c "scrot {}.jpg;ping -c 2 localhost"` 来实现每隔 1 s 截取一次屏幕并保存为以数字命名的图片文件。通过灵活组合不同的屏幕截取命令、延迟命令以及执行频率控制方法，可以产生大量不同的定期截取屏幕的方式。

Linux 系统提供了丰富的命令组合和灵活的定时执行功能，用户可以根据自己的创造力和个性化需求，通过组合不同的命令和方法，实现多样化的定期截取屏幕操作。

S1.3.7 合并若干图片为视频

在 Linux 平台下也有 ffmpeg 命令，命令的格式也是完全一样的，如：`ffmpeg -i %d.jpg out.mp4`，表示将前缀名为数值而后缀名为".jpg"的所有图片文件合并成一个视频文件 out.mp4。因为合并若干图片为视频是最后一步，不需要循环，所以，1000 次延迟 0.5 s 截屏并合并为视频的脚本为 `seq 1000 | xargs -i bash -c"scrot {}.jpg ; sleep 0.5";ffmpeg -i %d.jpg out.mp4`。图片的格式用 png 也一样可以，只要将截取图片并保存的文件格式和合并图片为视频的文件格式全改成".png"后缀即可，即 `seq 1000 | xargs -i bash -c "scrot {}.png ; sleep 0.5"; ffmpeg -i %d.png out.mp4`。

综上，通过组合使用 scrot 和 ffmpeg 命令以及相应的延迟控制命令，可以创建出不同格式的定期延迟录屏的脚本，从而实现屏幕截取和视频合并等操作。

S1.3.8 几种功能变化

`seq 1000 | xargs -i bash -c "scrot {}.png ; sleep 0.5" ; ffmpeg -i %d.png out.mp4` 可以描述为重复 1000 次截取屏幕并延迟 0.5 s，最后合并所有图片为视频，其中延迟 0.5 s 与 scrot 截屏操作是否成功无关，且合并所有图片为视频这一功能，与之前所有的截取屏幕的操作是否成功也均无关。实现这种精准的流程控制的实际上是符号";"。RPA 中相邻两个功能块由带箭头的线连接，迁移到 Linux 脚本语言后该连接的功能";"的功能就相当于，例如，"clipImage-截图"功能块和"delay-延时操作"功能块之间的关系即可详细描述作："clipImage-截图"功能块执行完毕后，不管结果成功与否都立即执行"delay-延时操作"功能块。两者的细微差异

在于 RPA 相邻功能块之间的执行没有阻塞功能，而 Linux 的";"符号能保证位于其前后的命令间有阻塞，即前面的命令执行完毕才会执行后面的命令。

Linux 脚本语言将功能块按执行流程组合起来时，除了用";"之外，还可以用"&&"或"||"。例如，seq 1000 | xargs -i bash -c"scrot {}.png && sleep 0.5"表示每次截取屏幕并延迟时，只有 scrot 截取成功了才延迟 0.5 s，等价的描述是某次截取屏幕不成功则不延迟而直接下一次截取屏幕。因此，最终截取的图片总数有可能少于 1000；这显然是在情理之中的，因为某次截取屏幕失败的话，只有立即开始下一次截取屏幕才能尽量保证保持最终的视频的帧率是 2 帧/s。同样，seq 1000 | xargs -i bash -c "scrot {}.png && sleep 0.5" && ffmpeg -i %d.png out.mp4 也更符合实际，表示只有当前面 1000 次循环成功完成时才开始合并所有图片为视频，如果用户按下了 Ctrl+C 中止了 1000 次截取屏幕的操作，则后面的图片合并操作就不会执行。与之类似的实验如下：

```
[z@master ~]$ seq 5 | xargs -i sleep1 && date
^C
[z@master ~]$ seq 5 | xargs -i sleep 1 && date
Sun Apr 2 17:21:23 CST 2023
```

实验结果说明，当人为按下 Ctrl+C 停止了 seq 5 | xargs -i sleep 1 的操作后，Linux 认为 && 前面的 5 次操作整体不成功，则后面的 date 命令未执行。相比之下，后一次实验结果说明 && 之前的操作正常完成时（即没有人为按下 Ctrl+C 时），&& 后的 date 命令得以成功执行。

这几种功能变化的不同之处仅在于组合功能块的符号为";"和为"&&"的区别，精准理解 Linux 脚本中的每个符号是正确控制执行流程的基础。养成精准分析执行流程的习惯是从 RPA 设计平台过渡到 Linux 的必由之路，越早习惯精准分析就能越好地掌握 Linux 脚本语言。

S1.4 小结

在录屏器的设计与实现过程中，我们探讨了 RPA 方法和 Linux 脚本方法的异同。尽管执行流程完全相同，但所使用的功能模块不同。执行流程实际上相当于算法的原理，这是跨编程语言通用的。无论使用哪种编程语言，都是为了实现给定的执行流程。这种自顶向下的编程方法就是从顶层的执行流程开始，探索如何使用特定的编程语言实现每个步骤所需的功能。在具体目标的指导下，进一步完善编程的细节，这整个过程充满了探索和创造的乐趣。

一旦确定了执行流程，项目的实施就是对编程语言功能块组合的探索，实现每个步骤所需的功能，再将这些部分连接起来。相比之下，RPA 设计平台提供的功能模块较为有限，无法像 Linux 脚本语言一样在实现特定功能时具有明显的多样性。从直观、图形化的功能块组合逐渐过渡到前后级联系更多、符号更严谨的 Linux 命令行式的基本脚本命令组合，可以帮助我们养成分析功能块并准确描述它们的习惯，并逐渐形成创造功能块组合的工作风格。

▶ 实训 2　消息记录图片抽取

在本实训中,我们探索使用 WeAutomate Studio 和 Linux 脚本实现消息记录图片抽取项目的方法。尽管该项目相较于录屏器更为复杂,但其功能块组合的本质是完全相同的。我们可以通过对比两种不同的方法,体会针对同一项目需求和类似执行流程的细节差异。

S2.1　项目需求与功能分析

本项目来自真实的核酸收集场景。在班级或院系的 QQ 群中收集每个学生的核酸结果是疫情防控时期每天要做的工作,该工作内容简单、流程固定,十分适合开发 RPA 应用。具体地,要将 QQ 群中如图 S2-1 所示形式的消息记录中的图片抽取出来保存为单个的图片文件,建立起来图片文件名对应的学生姓名的文档,最终将图片和对应文档打包发送。

软件技术 2101 吴 A(11111111) 2022/12/5 12:04:59
一个图片
软件技术 2101 郑 B(22222222) 2022/12/5 12:05:00
一个图片
软件技术 2101 李 C(33333333) 2022/12/5 12:11:08
一个图片
软件技术 2101 余 D(44444444) 2022/12/5 12:51:10
一个图片
软件技术 2101 李 E(55555555) 2022/12/5 12:51:40
一个图片
软件技术 2101 曹 F(66666666) 2022/12/5 12:52:05
一个图片

图 S2-1　QQ 群中的核酸消息记录

解决方案分成四个步骤,各步骤对应项目需求的各个子功能为:将消息记录存到 Docx 文件中,再将文件中的各个图片抽取出来、命名并打包,然后建立图片名与学生姓名的对应文档最后将压缩包发送给院系负责人。显然,主要的重复性工作在第二步和第三步,即各个图片改名和保存文档这一步,剩下两步均为一次性操作,完全可以手工操作,因此,RPA 的重点是将第二步和第三步自动化。

仔细分析这两步的需求后,又将第二步分成几个更小的步骤,即从 Docx 文件中抽取出所有图片并保存成单个图片文件;将图片按顺序命名为"image1.jpg""image2.jpg"……;生成诸多以姓名命名的文本文件,其格式形如"abc0 吴 A.txt""abc3 郑 B.txt""abc15 李 C.txt"等。这些文本文件相当于一个排序好的名单,和图片名中数值的顺序有一一对应的关系,虽然形式上不如用姓名直接命名图片的方式,但仍是可以接受的。很多时候项目开发时并不能保证一步到位,因此,接受这种中间结果也很有意义,有时间可以再完善项目。

S2.2 技术可行性分析

RPA 方法的技术可行性依赖于 Docx 文件的内部存储格式。由于 Docx 文件实际上是一个 Zip 压缩包,内部包含多个 XML 文件和图像文件,因此,我们只需将 Docx 文件改名为".zip"后缀名的文件,就能够查看压缩包中的内容,如图 S2-2。

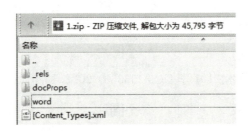

图 S2-2 zip 文件内容

本项目涉及处理一个".docx"格式的文件,将其中的内容按照不同类别保存在不同的目录中,并将这些目录压缩为一个".zip"压缩包。使用 RPA 的"runAppProgram-运行应用程序"控件调用解压命令,将 Docx 文件中的文本和图片抽取出来,并根据需求进行进一步处理。

S2.2.1 文本保存方式

在 Docx 文件的内部,存放着文件的内容,其中包括文本和图片等类型的数据,这些内容存放在名为"word"的目录中。进入 word 目录,我们可以观察到其中包含多个 XML 文件。这些 XML 文件包含了 Docx 文件中的不同部分,如文本段落、样式信息和嵌入的图片等。通过对这些 XML 文件进行解析和处理,我们能够提取出所需的文本和图片内容,如图 S2-3 所示。

图 S2-3　Docx 文件内部

图中,document.xml 文件中存放的是 Docx 文件中的文本内容。获取 Docx 文件中的文本内容就是要解析 document.xml 文件中的标签,从而删除文本样式信息,取出所需纯文本。不难理解,使用 RPA 方法读取文本内容和使用 Linux 脚本读取文本内容,本质上都是解析 XML 标签,但 RPA 方法中使用的控件本身功能强大,解析 XML 的程序全部封装在控件内部,对于一般用户来说更加简单易用,相比之下,Linux 脚本语言的用户只能用 cat、sed、grep 等基本脚本命令自己组合创造出方法来读取 docx 文件中的纯文本内容,但这却正是培养和发挥创造力的好机会。

S2.2.2　图片保存方式

在"word\media"目录中保存了文档中的图片,每个图片都被保存为一个独立的文件,如图 S2-4 所示。这些图片文件的命名遵循一定的格式,例如"image1.png""image2.jpg"等。

需要注意的是,在 Docx 文件中,若图片被复制或者通过缩放、拉伸、旋转等方式进行了修改,这些修改后的版本仍然与原图视为同一张图片,在 media 目录中对应的文件是同一个。

这样的命名和编号规则方便了对文档中的图片进行识别和关联。我们可以通过解析这些图片文件名,并结合其他相关信息,来对图片进行准确的处理和管理。

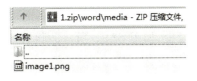

图 S2-4　进入 word\media 目录

在处理 Docx 文件中的图片时,无论是 PNG 格式还是 JPG 格式,都可以将文件的后缀名统一改为 PNG 格式,以消除不同格式之间的差异,降低处理过程复杂度。这个细节对后续使用 Linux 脚本来处理这些图片具有重要影响,可以使脚本变得更加简单有效。

S2.2.3 技术途径分析

根据我们对 Docx 文件的内部存储形式的分析,不论是使用 RPA 方法还是 Linux 脚本方法来实现本项目,其功能实现主要分为三个步骤:提取文本中的姓名、提取图片以及将姓名和图片进行关联。

如果选择采用 RPA 方法来实现,我们需要深入分析 RPA 平台所提供的控件,以确定如何将这些控件与上述三个步骤相对应。

如果选择使用 Linux 脚本语言来实现本项目,我们需要分析如何组合基本的脚本命令以实现每个步骤的功能。我们可以利用 Linux 脚本语言中的字符串处理、文件操作、图像处理等功能来提取文本和图片,并根据具体需求来关联姓名和图片。

总之,不论选择 RPA 方法还是 Linux 脚本方法来实现本项目,我们都需要仔细分析每个步骤所需的功能,并将这些功能块正确地连接起来。

S2.3 RPA 操作步骤

正如技术途径分析所揭示的那样,如果选择采用 RPA 方法来实现本项目,首先需要找到适当的控件来实现这三个步骤所需的功能。

具体而言,就是在 RPA 平台中对可用的功能块进行仔细评估和选择,以确定与提取文本中的姓名、提取图片以及将姓名和图片关联起来这些需求相对应的功能块。这些功能块可能包括文本处理、图像处理、数据关联等功能。

结合项目需求,分析 RPA 平台所提供的控件,选择适合的控件来完成每个步骤的功能,然后构建一个流程,依次调用这些控件,从而实现整个项目的自动化处理。

S2.3.1 读取 Docx 文件的文本内容

在 RPA 平台中,我们可以利用"word.ApplicationScope -打开 word 文档""word.ReadText -读取文本"和"word.CloseApplication -关闭 word"这些控件,从 Docx 文件中读取所有的文本内容,并将其保存在临时变量中,如图 S2-5 所示。随后,通过使用 string.split 控件,逐个抽取出每个姓名进行后续处理。

"word.ReadText -读取文本"控件内部已经封装了对 XML 标签的解析过程,使用这个控件就能轻松读取所有文本内容,并自动删除文本中的格式标签。对于普通用户而言,这个强大的功能能够简化工作流程,然而,这种简化可能会削弱用户的创造力。因此,在后续的实训中,我们将采用 Linux 脚本语言来实现 XML 标签解析的全过程,并用基本的脚本命令展示多维度的创造过程。

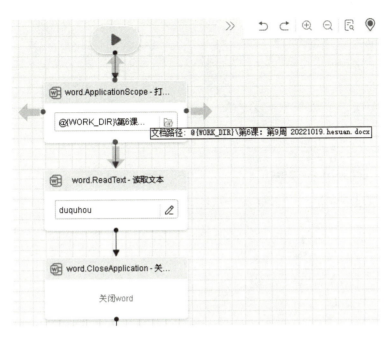

图 S2-5　读取 Docx 文件

S2.3.2　抽取姓名信息

本功能块的执行流程整体上是用 string.split 控件进行多次字符串分割,得到所有姓名。

第一步分割时指定的定界符是"/",这是因为消息记录中的文本形如"软件技术 2101 吴 A (11111111) 2022/12/5 12:04:59",如此分割后每个人的姓名将属于不同的数组元素,分割后得到的整个数组命名为"fengehou"。因为要处理 fengehou 中的每个元素,所以接下来时要用"For-遍历/计次循环"控件,数据集合就是 fengehou,而循环体中单个的变量名为"meiyihang"。这一步分割的完整执行流程如图 S2-6 所示。

显然,在 meiyihang 变量中,每个元素可能包含有用信息(形如"软件技术 2101 吴 A (11111111) 2022"),也可能只包含无用信息(如只有月份"12")。同时,单个元素中是否还包含其他信息(如"5 12:04:59"或"5 12:04:59 软件技术 2101 郑 B(22222222) 2022")是不确定的。然而,对于用户而言,并不需要严格区分这两种情况,因为无论哪种情况,只要元素中含有"软件技术"字样,就可以确定该元素是有用的,因为其中必然包含一个姓名。

此外还要指出,"For-遍历/计次循环"控件退出则表示第一次分割后得到的数组中的每个元素均已经处理完毕。因此,将在"For-遍历/计次循环"控件的 Exit 分支设置图片抽取的功能。

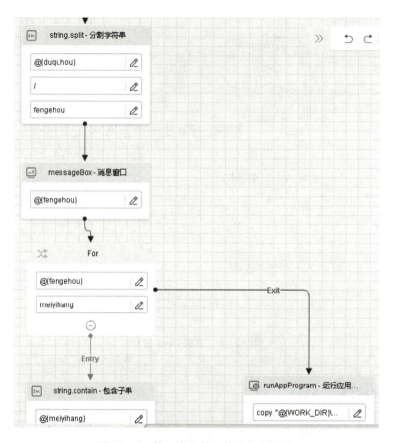

图 S2-6　第一步分割的整体执行流程

根据上述分析，fengehou 中的每个元素均要判断是否含有"软件技术"字样，然后对于匹配的元素，再按左括号执行第二次分割，这是因为消息记录中的文本形如"软件技术 2101 吴 A (11111111) 2022/12/5 12:04:59"一次分割后的匹配元素是"软件技术 2021 吴 A(11111111) 2022"的形式，二次分割后的匹配元素是"软件技术 2101 吴 A"的形式。更进一步，再按"2101"对上述元素执行第三次分割，即可得到形如"吴 A"的元素。完整的第二次分割和第三次分割的流程如图 S2-7 所示。

上述第三次分割时，所用的数据是第二次分割后的第一个元素。因为 erci_fengehou 仍是一个数组，所以，用 RPA 的语句 @{erci_fengehou[0]} 表示，这里的 0 表示取第一个元素。第三次分割后，得到的变量 sanci_fengehou 也是一个数组，而姓名是它的第二个元素，因此，用 @{sanci_fengehou[1]} 表示。

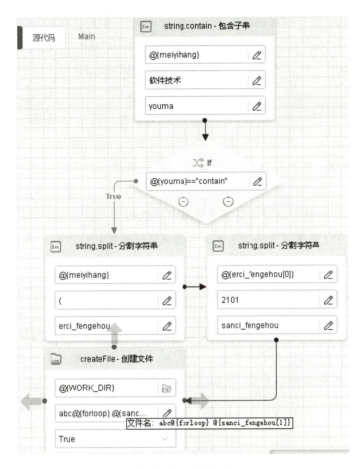

图 S2-7 抽取姓名

至此，经过三次分割得到了一个姓名信息，为了将这个信息保存下来我们需要创建一个文件，并将姓名信息放入文件名中，达到图片和姓名方便一一对应的目的。创建文件的控件是"createFile-创建文本文件"，目录选择@{WORK_DIR}，表示在当前项目目录下，而文件名取作 abc@{forloop} @{sanci_fengehou[1]}，形如表 S2-1 所示。

表 S2-1 姓名信息

编号(abc@{forloop})	姓名(@sanci_fengehou[1])
abc0	吴 A
abc2	郑 B
abc4	李 C
abc6	余 D
abc8	李 E
abc10	曹 F

这些姓名信息虽然没有按照连续的 1、2、3 的顺序编号,但仍然足够与对应的图片文件进行关联。例如,"image1.png"对应着吴 A 的图片,图片索引为"abc0";"image4.png"对应着余 D 的图片,图片索引为"abc6"。我们可以通过执行abc@{2*(图片号－1)}来获取对应姓名的索引。

另一种方法是按照连续的 1、2、3 的顺序编号姓名信息。我们可以引入一个 RPA 变量,每次匹配到包含"软件技术"关键字的元素时,将变量值加 1。然后使用该变量值来创建文件名,格式为abc 变量值姓名。通过这种方式,我们可以将变量值与姓名信息进行对应,并在文件名中反映出这种关系。

需要注意的是,这种执行流程的简单变体对整体执行流程没有影响,可以根据实际需求使用其中一种方式来进行处理。无论是基于索引的关联还是按照顺序编号的方式,我们都可以确保姓名信息与对应的图片文件相互关联。

S2.3.3 抽取图片

我们已经提取出了文本内容中的所有姓名,并为每个姓名信息创建了一个新文件。因此,当循环结束进入 Exit 分支时,剩下的任务就是从 Docx 文件中提取所有的图片,并将它们保存为单独的图片文件,整体流程如图 S2-8 所示。

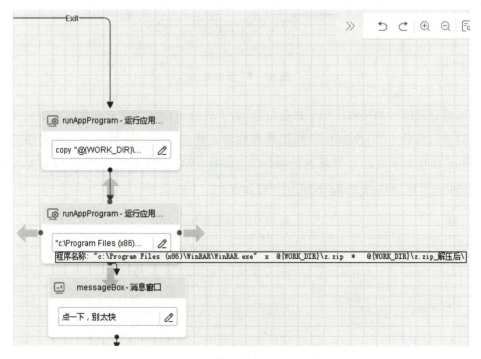

图 S2-8 循环结束后抽取图片

从功能上看,抽取图片只要两步:拷贝 Docx 文件为 Zip 文件和将 Zip 文件解压。这两步均用 RPA 的"runAppProgram-运行应用程序"控件来实现。第一次写入的命令是:`copy "@{WORK_DIR}\第 6 课:第 9 周 20221019.hesuan.docx" @{WORK_DIR}\z.zip`,把 Docx 文件复制成 Zip 文件。第二步用的是 `"c:\Program Files (x86)\WinRAR\WinRAR.exe" x @{WORK_DIR}\z.zip * @{WORK_DIR}\z.zip_解压后\`,表示用 WinRAR 命令解压 z.zip 文件中的所有内容到项目目录中的"z.zip_解压后"子目录中。

需要特别注意的是,最后添加的"messageBox-消息窗口"控件是必不可少的。这是因为 RPA 的 runAppProgram 功能块不是阻塞式的,所以当 WinRAR 在解压缩时,RPA 下面的功能块将同时执行。然而,在下面的步骤中,我们要将所有姓名信息文件和所有图片统一打包并压缩到一个 Zip 文件中。如果同时进行这两个操作,未完成解压缩的图片无法被包含在最终的 Zip 文件中,就会出现最终压缩包中图片文件不完整的问题。

因此,消息窗口功能块在这里起到了关键作用,提供了阻塞运行的功能。当解压缩过程彻底完成时,该窗口会出现,然后需要手动单击消息窗口,以确保随后的打包操作能够顺利完成。这样,我们就能够保证在进行打包操作之前,确保所有的图片文件都已经完全解压缩。

这样的细节问题是在探索过程中自然发现的,并不适合作为完全记忆的知识点。通过使用消息窗口功能块,我们能够解决同时运行的问题,并在必要时手动触发下一步的操作,以确保整个流程的正常执行。

S2.3.4 最终压缩图片和姓名

最后一步是将姓名文件和图片文件统一打包到一个 Zip 文件中。为了确保打包压缩过程的完整性,我们同样使用了一个"messageBox-消息窗口"控件,人为地阻塞了压缩姓名文件和压缩图片文件之间的流程。通过手动触发消息窗口,我们可以确保在压缩图片文件之前,姓名文件已经完成了压缩操作,如图 S2-9 所示。

在两次调用 WinRAR 命令时,选择了-ep 参数以保证压缩文件 zok.zip 中不包含保持原始文件的路径,因为两类文件名各以 abc 和 image 开头,所以不存在相同名称的文件,如此完全可行。具体的压缩命令如下:

`"c:\Program Files (x86)\WinRAR\WinRAR.exe" a -ep @{WORK_DIR}\zok.zip @{WORK_DIR}\z.zip_解压后\word\media\ *`

`"c:\Program Files (x86)\WinRAR\WinRAR.exe" a -ep @{WORK_DIR}\zok.zip @{WORK_DIR}\abc *`

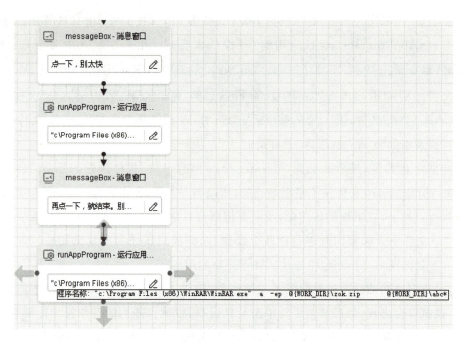

图 S2-9　压缩操作

S2.4　RPA 方法的不足

RPA 方法的一个显著不足是它的执行流程在图形界面中显得过于复杂。即使是相对简单的项目，使用 RPA 方法描述时也会显得臃肿，甚至无法将完整的流程图清晰地显示在一页纸上。因此，对于 RPA 方法功能的描述通常需要大量的文字和截图，读者难以清晰地把握整体。这也是图形界面编程语言的共同特点之一：实现思维过程的表达形式相对冗长。相比之下，Linux 脚本方法则更加简单和清晰，尽管没有 RPA 方法所用的图形界面直观。

RPA 方法的另一个不足在于它的方法相对固定。例如，在提取形如"软件技术 2101 吴 A (11111111) 2022/12/5 12:04:59"的信息中的姓名时，只能通过使用字符串分割函数，按照固定的模式（例如以"2101"和左括号为分隔符）来进行。功能块的选择也相对有限，通常只提供如 string.split 等基本函数，缺乏灵活性。相比之下，Linux 脚本语言提供了更丰富且灵活的功能组合方式。

S2.5　Linux 脚本的实现过程

本节将阐述使用 Linux 脚本方法完成本项目时所用到的设计思想和该方法在细节方面的特点，重点展示了 Linux 脚本精准、简洁和富有创造性的特色。通过详细描述 Linux 脚本的创建流程和执行方式，展示它相对于 RPA 方法的优势。Linux 脚本作为一种强大的编程语言，提供了灵活和自由的功能组合方式,使我们能够更加准确地实现项目目标。同时,可以通过引入各种 Linux 命令和工具解决复杂的问题,并展现出富有创造性和创新性的实现方式。综合来说,Linux 脚本方法在项目设计和执行过程中表现出了其精确、简洁和富于创造性的特点,为我们提供了一种高效而灵活的解决方案。

S2.5.1 整体执行流程

首先是整体执行流程。完整的 Linux 脚本命令如下。

```
$ rm 1ok.zip; rm -rf 1_jieyahou ; cp * .docx 1.zip ; /c/Progra* /WinRAR/WinRAR.exe x 1.zip 1_jieyahou/ ; cp 1_jie* /word/media/* 1_jie* / ; cat 1_jie* /word/document.xml | grep "<w:t>[^>]*\|jpg"-o | grep jpg -B 2 | grep ">. * " | sed´s/<.w:t/\n/g' | grep -v 2022 | sed '/^$/d' | sed 's/^. * >//g' | iconv -f utf-8 -t gbk > 1.txt ; ls 1_jie* /ima* | wc -l | xargs -i seq {} | xargs -i bash -c "echo -n cp 1_jie* /image{}. * 1_jieyahou/zz; sed -n '{}p' 1.txt | tr '\n' | sed 's/ //g' ; echo .png" | xargs -i bash -c {} ; /c/Progra* /WinRAR/WinRAR.exe a 1ok.zip 1_jieyahou/zz *
```

其中以分号间隔的各个脚本命令各表示一个细小步骤。分号间隔之后,"|"又对脚本命令做了间隔,如此隔开的基本脚本命令包括 rm、cp、cat、grep、sed、iconv、ls、wc、xargs、seq、echo、tr、bash -c,以及一个非基本脚本命令 /c/Progra * /WinRAR/WinRAR.exe。共用到了 13 个基本脚本命令,已经达到常用基本脚本命令总数的一半。因此,Linux 脚本的功能块要比 RPA 中的功能块小很多,反复用到的次数也多得多,例如,grep 用了 3 次,sed 用了 5 次,正是因为每个项目都多次用到基本脚本命令,所以,在工作中容易熟练掌握基本脚本命令的功能,从而习惯于不断组合和创造。

除此之外,需要注意的是在脚本中的第一个符号"$"并非脚本的内容,它代表了 Linux 终端的提示符号。将终端提示符放在脚本命令的开头有助于用户明确哪些是脚本命令的起始。

将这一段长脚本分解为各个功能块后,整个脚本的结构变得更加清晰。功能块的拆分是理解脚本的第一步,也是非常关键的一步。通过将脚本拆解为各个功能块,我们能够更好地理解整个脚本的组织结构,并且能够根据需要进行个性化的定制和实现。这种拆分与定制的方式让不同的用户能够根据自身需求来进行灵活的脚本设计与编写,因此,脚本的功能拆分是极为重要的。

S2.5.2 删除旧数据并准备新数据

由于本项目是一个实际应用,所以在同一个目录下可以多次运行脚本。在连续运行脚本的过程中,数据之间存在关联,即上一次运行生成的压缩文件 1ok.zip 和解压出的目录 1_jieyahou 需要在下一次运行前删除。在 RPA 方法中,并没有体现这一步骤,因为在图形界面下增加更多功能块会让整个执行流程变得更加复杂,更不直观。因此,在使用 RPA 软件运行前需要手动删除这些文件。

将 Docx 文件复制成 Zip 文件时,每次运行都会生成一个新的 Zip 文件作为新数据。这个功能在 RPA 方法中有相应的功能块,并且功能与本方法完全相同,所以不再详细阐述。

以下是需执行的脚本命令:

```
rm 1ok.zip
rm-rf 1_jieyahou
cp *.docx 1.zip
```

这一步没有太多的变化,其中的 rm 和 cp 命令是 Linux 基本脚本命令,在这里不再详细展开说明。

S2.5.3 得到.docx 文件中的图片文件

在准备好 Zip 文件之后,就可以解压并取得内部的图片文件。脚本如下:

```
/c/Progra*/WinRAR/WinRAR.exe x 1.zip 1_jieyahou/;cp 1_jie*/word/media/* 1_jie*/
```

同样调用 WinRAR 命令,只不过操作环境变成 Windows 上的 MinGW 环境,因此,目录的风格用的是 Linux 下的反斜线。另外,根据所安装的 WinRAR 所在的硬盘分区,可能要更换/c 为/d 或/e,等等。如果硬盘根目录下同时有 Program Files 和 Program Files(x86)目录,就要更换 Progra* 为 Progra*s 或 Progra*86*,确保明确指定是哪个目录下的 WinRAR 命令。脚本执行过程及其结果如图 S2-10 所示。

图 S2-10 解压 Zip 文件脚本执行过程及结果

在脚本执行后,图片文件会存放在 1_jieyahou/word/media 目录中。为了简化后续的图片改名脚本,我们将 media 目录中的所有文件统一拷贝到了 1_jieyahou 目录下。拷贝文件的具体操作和路径可以根据实际需求进行调整。当然,这样做并不是必须的,我们也可以将这些文件放置在其他目录中进行处理。

S2.5.4 抽取人名

得到图片文件之后，从 Docx 文件中抽取出姓名，这一步在 RPA 方法中用了"word.ReadText-读取文本"控件和"string.split-分割字符串"控件得到。而 Linux 脚本方法实现此功能的命令脚本如下：

```
cat 1_jie*/word/document.xml | grep "<w:t>[^>]*\|jpg" -o | grep jpg -B 2 | grep ">.*" | sed 's/<.w:t/\n/g' | grep -v 2022 | sed '/^$/d' | sed 's/^.*>//g' | iconv -f utf-8 -t gbk > 1.txt
```

XML 文件中，标签<w:t>和标签</w:t>之间的内容是纯文本内容，而此标签对之外的全是文本的排版格式，所以，首先用 grep 命令把<w:t>和</w:t>之间的内容抽取出来，所用正则表达式是<w:t>[^>]*，含义是从<w:t>开始并包括 0 个或多个连续的非>的字符。抽取的结果如图 S2-11 所示。

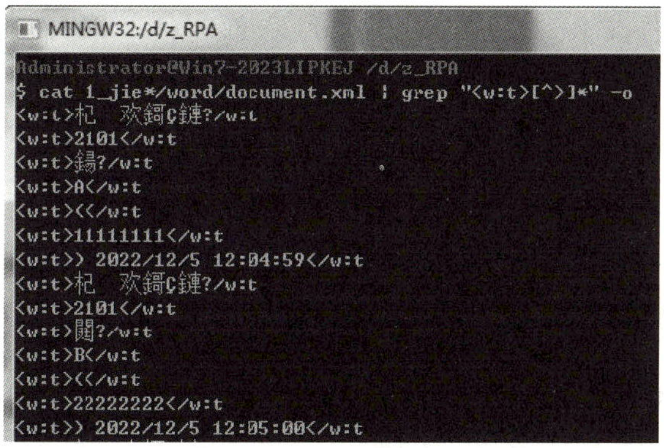

图 S2-11 抽取的结果

结果中出现乱码文字的原车是 XML 文件中的文本是以 UTF-8 格式编码的，而 MinGW 中使用的是 GBK 编码显示环境，两者不匹配。在 WinRAR 中查看 document.xml 文件的结果如图 S2-12 所示。

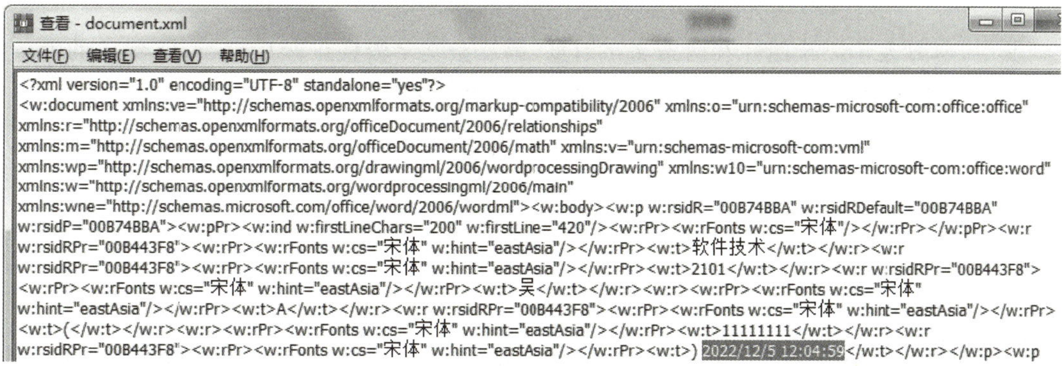

图 S2-12 查看 document.xml 文件

在结果显示到屏幕之前使用编码转换命令 iconv,将 UTF-8 编码转为 GBK 编码,即可得到如图 S2-13 所示正常的显示结果。

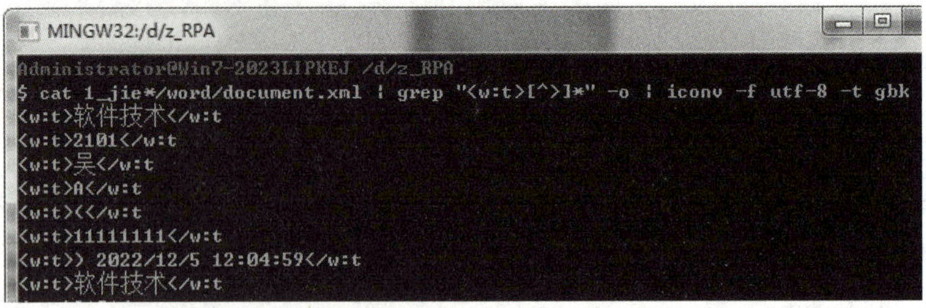

图 S2-13　转为 GBK 编码后的显示结果

现实中,QQ 群可以有一人发了多条消息的情况,如先发一个图片,再发了一些文字。另外,某人的多条消息之间可能夹杂着其他人的图片或消息,这些情况需要考虑到。一个实例如图 S2-14 所示。

软件技术 2101 吴 A(11111111) 2022/12/5 12:04:59
一个图片
软件技术 2101 郑 B(22222222) 2022/12/5 12:05:00
先发一些文字
软件技术 2101 郑 B(22222222) 2022/12/5 12:05:00
一个图片
软件技术 2101 李 C(33333333) 2022/12/5 12:11:08
一个图片
软件技术 2101 郑 B(22222222) 2022/12/5 12:05:00
又发了一些文字

图 S2-14　图片信息乱序示例

其中,郑 B 发了一个图片和两条文字消息,第二条文字消息在李 C 后面,即李 C 的消息夹杂在郑 B 的多条消息之间。为了避免抽取到重复的姓名数据,可以先取出含有图片的行,结果如图 S2-15 所示,然后取出每个图片之前紧邻的含有姓名的文本行。

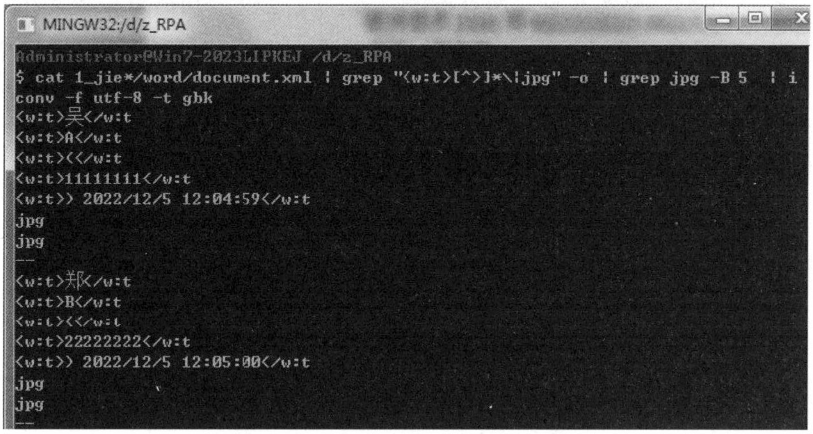

图 S2 - 15　取出含有图片的行的结果

其中,脚本命令中 grep 的表达式＜w:t＞[^>]*\|jpg 表示搜索＜w:t＞[^>]*或者 jpg 字样。第二个 grep 中的-B 参数表示抽取图片前面紧邻的若干行信息,根据现实情况取出包含姓名的信息即可,如图 S2 - 16 所示。通过使用-B 参数,能够轻松地获取满足抽取规则的目标数据。在不同的应用场景下,可以根据需要调整参数的值,以便更精确地获取所需的数据。

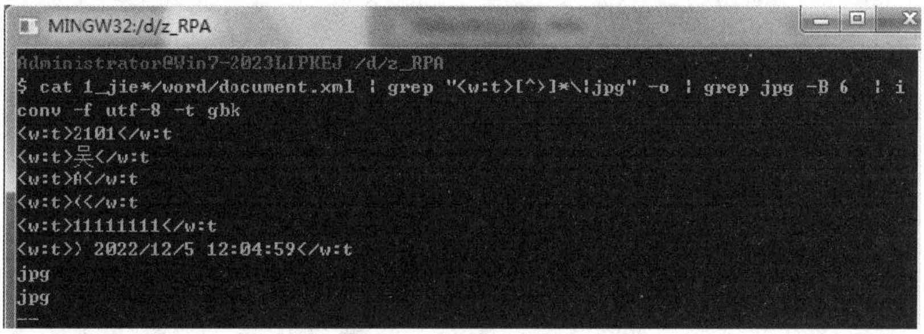

图 S2 - 16　抽取出满足特定规则的姓名数据

经过一系列删除操作后,可以得到如图 S2 - 17 所示的结果。

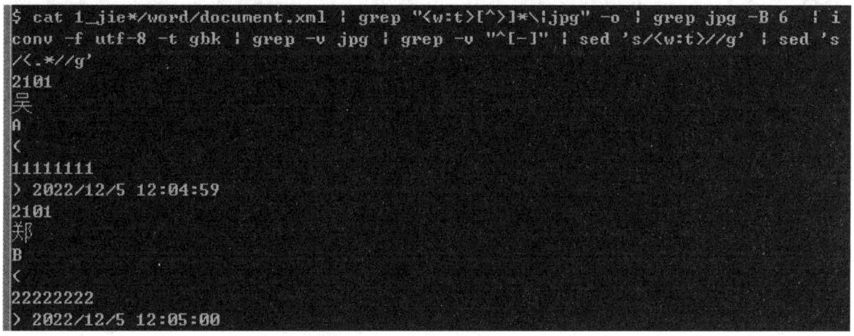

图 S2 - 17　删除操作后结果

在这一步之后，我们需要实现合并所有行的功能。实现这个功能可以使用多种方法，在这里我们选择使用一种特殊的方式。首先，使用 tr 命令将每行的回车符号替换为@符号。然后，使用 sed 命令将所有的@符号删除。通过这个操作，我们能够将原始数据中的所有行合并为一个统一的文本，其中包含了所有的姓名信息，如图 S2－18 所示。

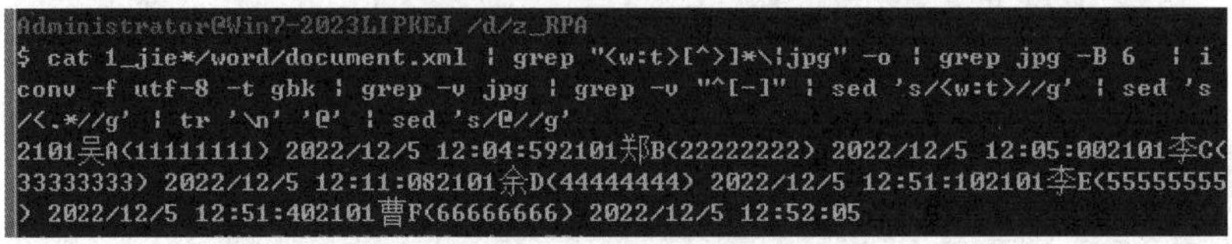

图 S2－18　合并所有行

同样地，用 awk、xargs 和 paste 都可以实现合并所有行，如图 S2－19 所示。

然而，需要注意的是，使用 xargs 直接合并可能会产生多余的空格，而使用 paste -s 则可能会引入多余的跳格符。尽管这些多余的字符在姓名中很可能不存在，但我们仍然需要考虑删除它们。相比之下，最简洁的方法是使用 awk 的 printf 函数。该函数会直接去除行尾的回车符，从而实现合并所有行的效果。

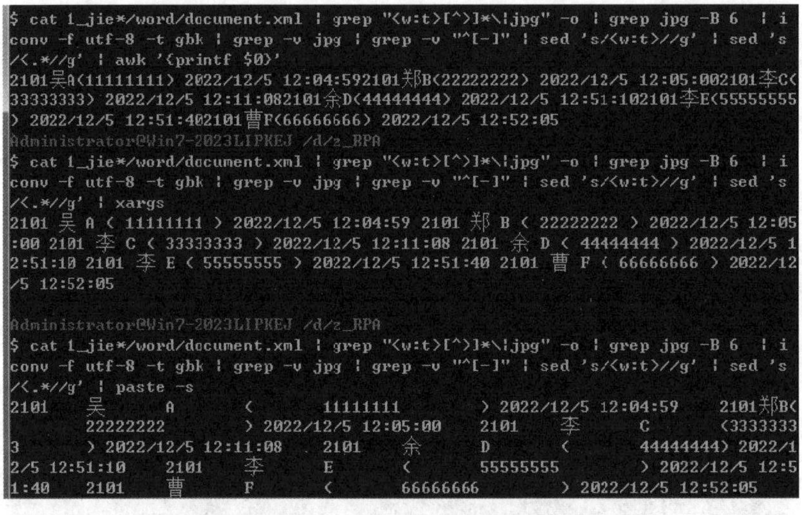

图 S2－19　用 awk、xargs 和 paste 实现合并所有行

最后，只需提取出 2101 和左括号之间的信息，即可得到姓名。这一步与 RPA 方法中使用三次"string.split－分割字符串"控件实现的功能完全相同。值得一提的是，Linux 脚本语言提供了多种实现方法，其中最简单的方法是再次使用 grep -o 命令来抽取匹配项，并最终删除"2101"字样，得到的结果如图 S2－20 所示。

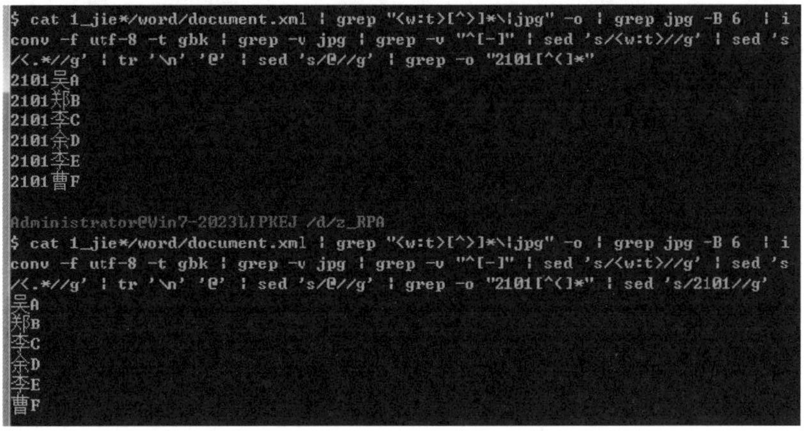

```
$ cat 1_jie*/word/document.xml | grep "<w:t>[^>]*\.jpg" -o | grep jpg -B 6 | i
conv -f utf-8 -t gbk | grep -v jpg | grep -v "^[-]" | sed 's/<w:t>//g' | sed 's
/<.*//g' | tr '\n' '@' | sed 's/@//g' | grep -o "2101[^(]*"
2101吴A
2101郑B
2101李C
2101余D
2101李E
2101曹F
Administrator@Win7-2023LIPKEJ /d/z_RPA
$ cat 1_jie*/word/document.xml | grep "<w:t>[^>]*\.jpg" -o | grep jpg -B 6 | i
conv -f utf-8 -t gbk | grep -v jpg | grep -v "^[-]" | sed 's/<w:t>//g' | sed 's
/<.*//g' | tr '\n' '@' | sed 's/@//g' | grep -o "2101[^(]*" | sed 's/2101//g'
吴A
郑B
李C
余D
李E
曹F
```

图 S2-20　删除"2101"字样后的结果

其中,正则表达式 2101[^(]* 表示匹配以"2101"开头的非左括号符号的连续内容。通过与 grep 命令的-o 参数配合使用,达到删除每个姓名信息左括号后面的内容,提取出我们所需的姓名信息的目的。另外,在最后一步中,还可以使用 sed 命令进行区域定界的正则表达式替换操作,结果如图 S2-21 所示。

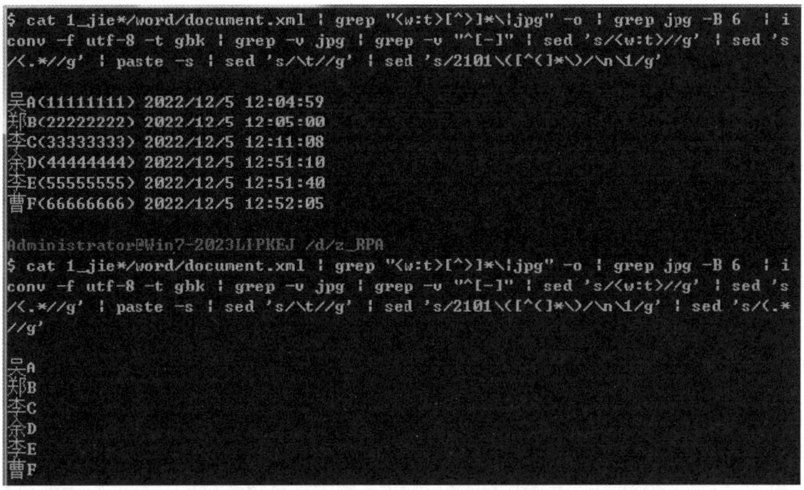

```
$ cat 1_jie*/word/document.xml | grep "<w:t>[^>]*\.jpg" -o | grep jpg -B 6 | i
conv -f utf-8 -t gbk | grep -v jpg | grep -v "^[-]" | sed 's/<w:t>//g' | sed 's
/<.*//g' | paste -s | sed 's/\t//g' | sed 's/2101\([^(]*\)/\n\1/g'
吴A(11111111) 2022/12/5 12:04:59
郑B(22222222) 2022/12/5 12:05:00
李C(33333333) 2022/12/5 12:11:08
余D(44444444) 2022/12/5 12:51:10
李E(55555555) 2022/12/5 12:51:40
曹F(66666666) 2022/12/5 12:52:05
Administrator@Win7-2023LIPKEJ /d/z_RPA
$ cat 1_jie*/word/document.xml | grep "<w:t>[^>]*\.jpg" -o | grep jpg -B 6 | i
conv -f utf-8 -t gbk | grep -v jpg | grep -v "^[-]" | sed 's/<w:t>//g' | sed 's
/<.*//g' | paste -s | sed 's/\t//g' | sed 's/2101\([^(]*\)/\n\1/g' | sed 's/\.*
//g'
吴A
郑B
李C
余D
李E
曹F
```

图 S2-21　使用 sed 命令进行区域定界的正则表达式替换操作

具体而言,\(和\)之间的内容构成了一个区域,这个区域包括了"2101"后面连续出现的多个非左括号符号。通过将这个区域替换为回车符加上区域自身,实现了将姓名信息分行的目的。然后,我们只需要使用 sed 命令将左括号之后的内容删除,即将"\(.*"替换为空字符,即可得到最终的姓名列表。为了将姓名列表存入文件 1.txt 中,以便在修改图片名时使用,我们可以使用 Linux 脚本语言中的">"符号实现将屏幕内容输出到文件的功能。

使用 Linux 脚本方法抽取人名展现出了 Linux 语言简洁、清晰和准确的特点,这是 RPA 方法所无法比拟的。

S2.5.5 图片改名

图片改名这一步是本项目中的一个难点。实现方法是首先生成一个用于改名的脚本命令，然后再执行这个脚本命令。当然，也可以使用 awk 的 system 函数来一次性执行这个脚本命令，但考虑到这种方案不太方便进行调试，在本项目中不采用这种方法。

实现图片改名的脚本命令如下。

```
ls 1_jie*/ima* | wc -l | xargs -i seq {} | xargs -i bash -c "echo -n cp 1_jie*/image{}.* 1_jieyahou/zz;sed -n '{}p' 1.txt | tr '\\n' ' ' | sed 's/ //g' ; echo .png" | xargs -i bash -c {}
```

该命令可以分为两部分，前一部分生成复制图片的脚本命令，最后的 `| xargs-i bash-c {}` 表示一行一次交给 bash 执行。当要执行的脚本命令中没有特殊符号时，例如双引号和斜线等，bash -c 中的双引号可以省略。

以复制图片的方式替代实际的图片改名操作是为了在调试脚本命令时避免由于命令错误而误删除原始的图片文件。另外，当最终进行图片压缩时，我们可以指定哪些图片文件需要打包。因此，尽管我们实现的是图片复制功能，但最后打包的效果等同于对图片进行了改名。进一步来说，为了方便统一指定所有需要打包的图片文件，最好将图片的命名标准化，例如以固定模式开头命名，这样在打包时可以使用通配符来一次性指定所有符合要求的图片文件。但对于使用全中文作为图片文件名的情况，难以使用通配符来统一指定打包的文件，因此需要注意这个问题。

复制图片脚本命令的分步执行结果如图 S2-22 所示。

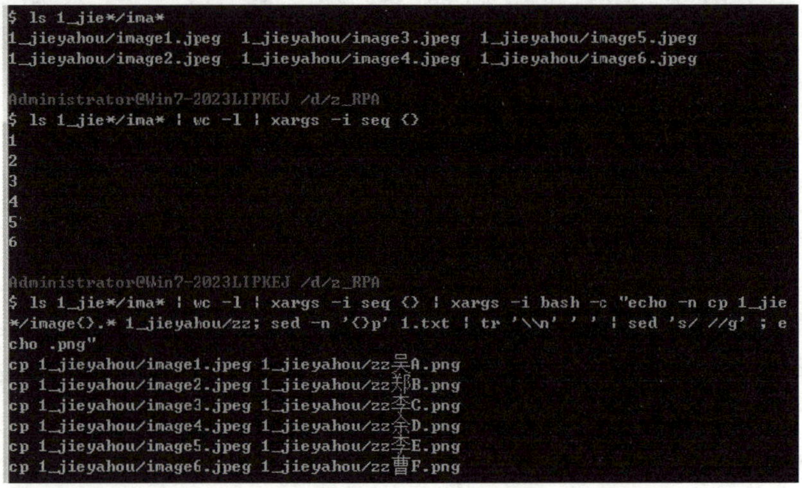

图 S2-22 复制图片脚本命令

可见,前两条基本脚本命令 ls 和 wc 实际上得到了图片文件的总数,因此,将它传递给 seq 命令生成 1 到 6 共 6 行数。接下来用这个变量生成复制图片的脚本命令,即要用 xargs -i 和 bash -c 生成 6 行如下形式的脚本命令。

cp 1_jieyahou/image1.jpeg 1_jieyahou/zz 吴 A.png
……
cp 1_jieyahou/image6.jpeg 1_jieyahou/zz 曹 F.png

因为图片文件名和姓名处都有变量,而两个变量之间是 3 处固定的信息,所以,可以先生成 5 组信息,如图 S2-23 所示。然后再对应地将各行信息拼接在一起。

但实际开发中发现,Docx 文件中存储的图片文件有.jpeg 和.png 两种可能的后缀。因此,第三处信息.jpeg 1_jieyahou/zz 中就不能固定写成.jpeg 的形式。

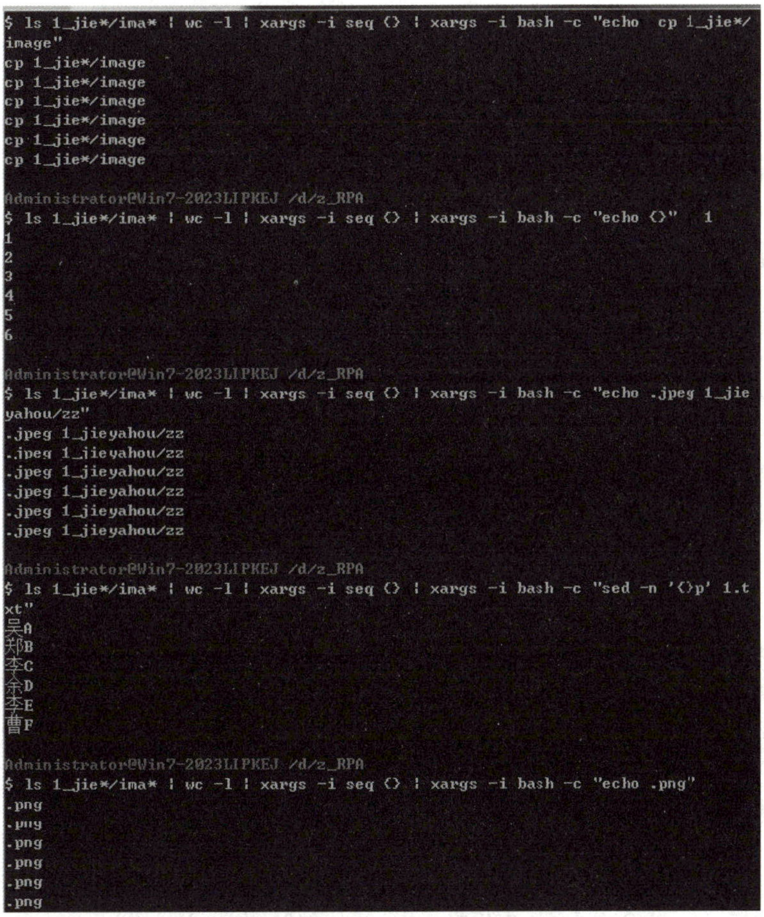

图 S2-23　生成 5 组信息

将所要生成的 5 组信息中的前 3 组用一个 echo 命令实现,即 echo -n cp 1_jie*/image{}.* 1_jieyahou/zz,其中,{}代表变量的值,而-n 表示打印这些信息后不回车,这是因为要生成的命令cp 1_jieyahou/image1.jpeg 1_jieyahou/zz 吴A.png是在一行中的。要生成的 5 组信息的最后一组同样也由 echo 实现,而最大的难点是生成第 4 组信息,即从文件 1.txt 中取出特定行的内容且不要回车。如果只是简单地用 sed-n 和 p 参数打印一个姓名,则中间会夹杂有一个回车,效果如图 S2-24 所示。

图 S2-24 用 sed-n 和 p 参数打印中间杂有回车

因此,在使用 sed 提取姓名时,我们需要解决删除姓名后可能存在的回车符的问题。在本项目中,我们使用 tr 命令将回车符替换为空格,然后再使用 sed 将剩余的回车符替换为空。此外,使用 awk 命令来删除回车符也是一种可行的方法,具体效果如图 S2-25 所示。

图 S2-25 使用 awk 命令删除回车符

必须指出的是,即使使用了 sed-n 命令将.png 移到了下一行,我们仍然可以找到解决这个问题的方法。在这种情况下,我们可以使用 xargs 命令的-n 参数,将四个非空格式的项放在同一行上,然后再删除最后一个空格,以达到我们预期的效果。具体效果如图 S2-26 所示。

图 S2-26 将 4 项非空格式放在一行,再将最后一个空格删除还有一种方法是不生成全部的 5 组信息,而只生成前 4 组信息。然后,在前 4 组信息生成后,使用 sed 命令将第 5 组信息.png 添加到后面。以下是相应的脚本命令和结果示例图(图 S2-27)。

图 S2-27 脚本命令和结果示例

最后需要说明的是,在 bash 的-c 命令中的双引号内部,需要对斜线符号\进行转义,想用两个斜线必须用"\\\\"来表示。另外,$ 符号也需要进行转义,使用"\ $"来表示。除此之外,还有各种细节和方法的可能组合以及更多变体的细节,此处不再进一步探讨。

S2.5.6 执行脚本命令

前已述及,在生成了多行脚本命令后,还要依次执行这些命令。实现这一功能的也是两个不同的功能块,组合在一起就是 xargs-i bash-c "{}",其中{}代表每行传递来的脚本命令,因此,在计算机的视角里它多次执行的命令如下:

bash-c"cp 1_jieyahou/image1.jpeg 1_jieyahou/zz 吴 A.png"
…
bash-c"cp 1_jieyahou/image6.jpeg 1_jieyahou/zz 曹 F.png"

其原理是新开多个 bash 进程,依次执行双引号中的脚本命令。

除了以上方法,执行脚本命令还可以用 awk 的 system 函数,具体脚本和结果如图 S2-28 所示。

图 S2-28 awk system 函数脚本和执行结果

S2.5.7 图片压缩

最后的步骤是将命名好的图片文件打包成.zip 文件。命令如下:

/c/Progra*/WinRAR/WinRAR.exe a 1ok.zip 1_jieyahou/zz*

根据这个命令,我们成功地将命名好的图片文件打包成了名为"1ok.zip"的 Zip 文件。这个命令使用了 WinRAR 工具,并指定了需要打包的文件路径和文件名的匹配模式。执行这个命令,得到的结果如图 S2-29 所示。

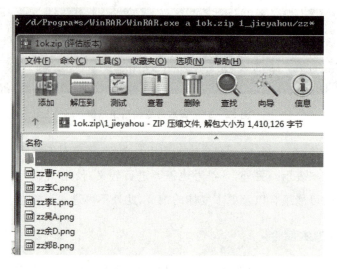

图 S2-29　文件打包后的结果

S2.6　小结

本实训以消息记录的图片抽取项目,对比了 RPA 方法和 Linux 脚本方法的异同。相对于 RPA 方法而言,Linux 脚本方法具有更多的变换和创造空间。在 Linux 脚本方法中,每个细节步骤都存在多种不同的基本脚本命令组合方式。对于熟练的用户而言,他们可能随时提出新的思路和相应解决方案,甚至在处理同一个项目时也可以采用与之前完全不同的方法。这种无限可能的组合和创造空间正是使用 Linux 脚本语言的魅力所在。因此,从 RPA 方法出发,掌握功能块组合的思想,并尽快掌握基本的 Linux 脚本命令及其组合创造的一般规律,是适应信息时代发展趋势的重要方向。

RPA 方法和 Linux 脚本方法各有优劣。但如果我们的目标是培养核心的创造力,那么显然应该选择后者。Linux 较少的基本脚本命令更容易被熟练掌握和灵活运用。一旦熟练掌握,就能自然而然地获得组合创造的能力,而无需过多保存项目文件或技术文档供参考。人类的优势在于即时创造,而这种简单而自然的工作状态正适应信息时代的发展趋势。每个人都可以掌握组合创造的法门,将简单的命令转化为创造的源泉。

实训 3　自动发事件与 GUI 自动化

在拥有图形用户界面（graphical user interface,GUI）的操作系统中,很多人工操作离不开鼠标操作。因此,机器人流程自动化软件必须能够实现自动发送鼠标事件,才能真正称得上符合自动化的要求。除了鼠标事件外,键盘事件也是自动化过程中不可或缺的一部分。本实训旨在介绍 RPA 和 Linux 平台下的键盘/鼠标事件发送方法。通过这些图形界面自动化方法,我们可以实现对 GUI 界面的自动化操作,提高工作效率和准确性。

S3.1　RPA 方法——发送键盘事件

在 WeAutomate 中,有四个控件专门用于发送键盘事件,它们分别是"type-输入文本"控件、"sendKeys-发送功能键"控件、"SensitiveInput-敏感数据输入"控件和"rawKeyboard-键盘动作"控件。这些控件位于 UI 自动化组的桌面应用自动化子组中,如图 S3-1 所示。通过使用这些控件,我们可以实现在自动化过程中模拟键盘的输入操作。"type-输入文本"控件用于向目标应用程序发送按键和输入文本,"sendKeys-发送功能键"控件用于发送特殊按键和组合键的命令,而"rawKeyboard-键盘动作"控件则提供了更底层的键盘输入控制。通过灵活运用这些控件,我们可以准确、可靠地模拟键盘操作,实现全面的自动化任务。

图 S3-1　发送键盘事件

"type-输入文本"控件会以原始形式发送字符,不进行任何转义。因此,如果我们将{ENTER}作为字符输入,它会按原样发送这7个字符,而不会模拟回车键。"sendKeys-发送功能键"控件用于发送特定的功能键,例如{ENTER}表示发送回车键。"rawKeyboard-键盘动作"控件提供了更精确的按键事件控制。它可以将一个按键事件分解为按下和释放两个子事件,并分别发送。在本次实训项目中,只涉及到"type-输入文本"控件和"sendKeys-发送功能键"控件的使用,而没有涉及"rawKeyboard-键盘动作"控件。

接下来,能过一基于 RPA 的英语学习项目,来学习使用 RPA 方法实现发送键盘事件。本项目利用 gVim 编辑软件的搜索高亮功能,设计一个自动延时搜索多个单词的自动化流程,帮助学习英语单词。使用 RPA 来完成这个设计,实现对 GVIM 编辑软件的自动化操作。

S3.1.1 整体执行流程

本实训项目的整体执行流程可以分为以下几个步骤。首先,使用 gVim 打开一个包含很多例句的英语学习资料文件,例如以文本格式存储的字典;然后,准备一些要学习的单词,并将它们以 python 列表数组的形式(例如 ['hello', 'good', 'like', 'auto'])写入"For-遍历/计次循环"控件的数据集合中;最后,使用 RPA 模拟键盘按键将所有单词逐个发送到 gVim 中(以搜索命令的方式发送)。如果在每个单词搜索之后添加一定的延时,就可以实现单词轮播的效果。此外,还可以扩展此功能,如在每个单词搜索5次的情况下,学习单词在多个例句中的用法和基本含义。这个项目不仅可以提高学习效率,还可以扩展更多的学习功能,为语言学习提供更多的帮助。

本项目的 RPA 流程如图 S3-2 所示。

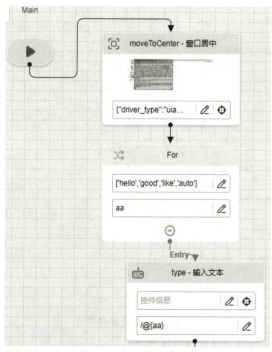

图 S3-2 整体执行流程

首先,使用"moveToCenter-窗口居中"控件让 gVim 窗口处于高亮状态,确保操作的准确性。然后,使用"For-遍历/计次循环"控件生成几个单词,生成单词的命令是符合 python 语法的字符串数组。最后,通过循环体针对每个单词执行操作。整体执行流程简洁清晰,易于理解和实现。

S3.1.2　针对单个单词的执行流程

针对每个单词,我们需要在 gVim 窗口的学习资料中进行 5 次查询,并设置每次查询间隔为 2 s。因此,在这里还存在一个遍历循环。为了实现这个循环,我们需要根据 gVim 中的查询命令和查找下一个位置的功能块来执行流程。具体而言,首先向 gVim 窗口发送"/hello"命令,表示在文本中查找"hello"这个单词。由于单词"hello"是从上一级循环传递而来的,需要使用变量 aa 来代替"hello"。这样就确保了每次查询都可以根据当前的单词进行准确的搜索。每个单词的查询流程如图 S3-3 所示。

针对每个单词,使用 gVim 中的"n"命令来表示查找下一个搜索结果,并重复这个操作 5 次。具体的流程如下:使用"For-遍历/计次循环"控件,并将 range(5)作为数据集合,即表示需要执行 5 次循环;在每次循环中,延时发送键盘按键命令"n",以在 gVim 中查找下一个搜索结果。通过这种方式确保对每个单词进行 5 次连续的搜索操作,以提高学习效果,流程设计如图 S3-4 所示。

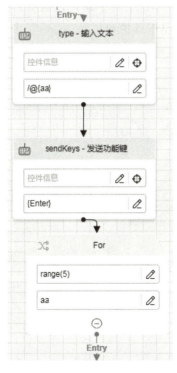

图 S3-3　针对每个单词的流程

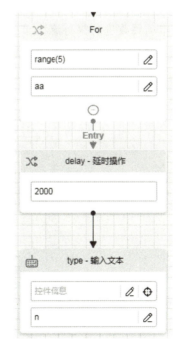

图 S3-4　计数 5 次

S3.1.3 运行结果

项目的运行结果形式上和效果上符合预期,如图 S3-5 所示。

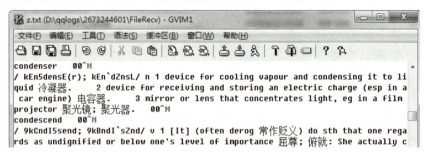

图 S3-5 项目的运行结果

S3.1.4 整体执行流程的改进

在整体执行流程中,目前输入待学习的单词并不够方便,需要每次按照 python 语言数组的语法手动写入"For-遍历/计次循环"控件的数据集合中。为了提高易用性,我们可以采用更好的方案,例如将单词放入一个文件中,并使用"readText-读取文本"控件来统一读取这个文件。这样,读取的内容可以作为 For 功能块的数据集合,取代原来的固定格式的 python 数组。这种改进大大增加了流程的灵活性和易用性,我们只需在单词文件中添加或删除需要学习的单词,而无需手动更改代码。这样的设计让整个流程更加易于维护和扩展。

综上所述,本项目改进的执行流程如图 S3-6 所示。

图 S3-6 改进的执行流程

其中单词文件"in.txt.txt"的内容格式为:每个单词以空格为间隔,顺序连续地放在同一行上。也就是说,每行的内容形如"word1 word2 word3…"。

S3.2　RPA 方法——发送鼠标事件

关于实现发送鼠标事件,WeAutomate 提供了多个可用的选项,它们的位置如图 S3-7 所示。这些控件可以用于模拟鼠标的各种操作,包括点击、拖曳、滚动等。使用这些控件,我们可以与图形界面进行交互,实现自动化的 GUI 操作。通过灵活地选取适合需求的控件,我们能够实现精确的鼠标控制和操作,使得 GUI 自动化的开发更加高效和可靠。

在 RPA 中,可以将发送鼠标事件的控件分为两类。一类控件仅能发送简单的左键/右键事件,如鼠标单击、鼠标右击、鼠标双击等。而另一类则是"rawMouse-鼠标动作"控件,它提供了更多的参数和选项,如鼠标移动、鼠标按下、鼠标释放、鼠标滚轮滚动以及鼠标拖曳。通过该控件我们可以更加精细地模拟鼠标的各种操作,并通过设置参数来控制鼠标事件的位置、速度、持续时间等,如图 S3-8 所示。

其中,点击类型包括"click"鼠标单击、"double"鼠标双击、"press"按下鼠标、"release"释放鼠标、"move"移动鼠标。这些事件比简单的单击更细致,这种细致的控制能够实现更复杂的 GUI 自动化场景,提高自动化脚本的灵活性和准确性。还可以指定屏幕坐标,但是该屏幕坐标无法用@{xx}的形式发送变量。

图 S3-7　发送鼠标事件的控件

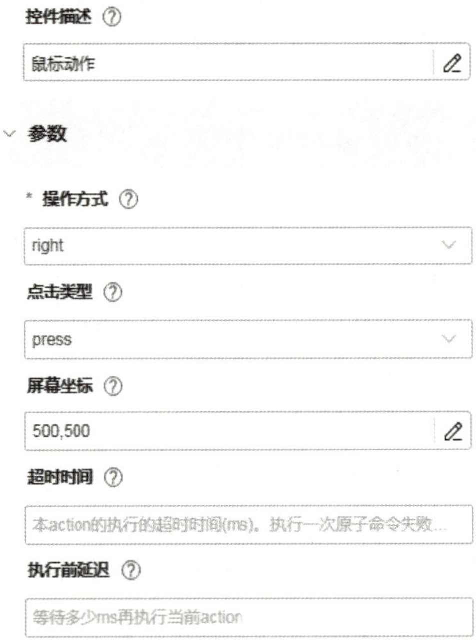

```
控件描述 ?
鼠标动作

∨ 参数

* 操作方式 ?
right

点击类型 ?
press

屏幕坐标 ?
500,500

超时时间 ?
本action的执行的超时时间(ms)。执行一次原子命令失败...

执行前延迟 ?
等待多少ms再执行当前action
```

图 S3-8 "rawMouse-鼠标动作"控件属性设定

接下来,通过一个基于 RPA 的函数绘图项目,来学习使用 RPA 方法实现发送鼠标事件。

本项目是一个函数绘图器,它使用浏览器作为 RPA 的显示器。在 RPA 中,缺乏一个专门用于显示结果的工具,而本项目通过在浏览器中打开一个网页,实现了在网页上绘制函数曲线的功能。通过这种方式,我们可以将浏览器视作 RPA 的显示器,利用网页的绘图功能展示函数图像。用户可以通过输入相应的函数表达式,然后通过 RPA 脚本将函数数据传递给浏览器,浏览器将根据这些数据绘制相应的函数曲线。这个项目提供了一种简单而有效的方式,让我们能够可视化地展示函数图像,并将其作为 RPA 执行过程的一部分。

S3.2.1　整体执行流程

如前所述,RPA 中的"rawMouse-鼠标动作"控件无法使用循环变量的值来发送变动的鼠标单击事件给 HTML 网页。因此,在实现函数绘图器时,我们需要考虑其他的解决方案。但是,生成绘图坐标的整体流程可以按照以下步骤进行,如图 S3-9 所示。

在"For-遍历/计次循环"控件中,使用 range(50)生成了 50 个不同的"××值",然后使用"eval-运行 python 表达式"控件调用变量 xx 计算出纵坐标 yy 与横坐标 xxxx。需要注意的是,xxxx 和 xx 之间存在着一个 10 倍的关系。这样设计是为了让绘制的点在横坐标上更分散,以增加显示效果的清晰度。如果不进行这样的缩放,绘制出的 50 个像素区域在屏幕上会显得较小,不易直观观察。

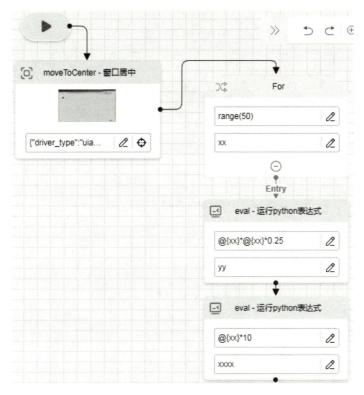

图 S3-9　整体执行流程

S3.2.2　画图流程

针对每一个坐标点(xxxx,yy),画图的技巧是用 HTML 网页中的代码和 RPA 相互配合:RPA 负责发送变动的坐标值到 HTML 上的文本控件中,然后用 HTML 代码根据自身控件中变化的坐标值画图。触发 HTML 代码画图的事件可选择成文本框控件的内容改变事件或单击事件,此处选择单击事件,整体流程如图 S3-10 所示。

流程中用"sendKeys-发送功能键"控件发送功能键 CTRL+A 和 Delete 的目的是删除文本框控件中的旧坐标值,然后再用"type-输入文本"控件发送新坐标值给网页的文本框控件。如此,每个坐标值就写入了网页,结合"rawMouse-鼠标动作"控件在固定点发出的单击事件,网页的画布上得以按坐标绘制一个点。最终,循环绘制多个点就组成了一条函数曲线。

图 S3 - 10 画图流程

S3.2.3 网页功能描述

由画图流程可知,网页的功能是在单击页面时将文本框中的坐标取出并绘制到画布上。不难理解,网页上要有一个画布控件,并且 body 的 onclick 事件上要绑定一个绘图函数,每次点击调用该函数绘制一个点,详细代码如下。

```
<html>
    <body onclick="disp()">
    <input type='text' value='300,400' id='xy'/>
    <canvas id="canvas" width="1500" height="800" style = "border:1px solid red"></canvas>
    <script>
function disp(){
        var x=document.getElementById("xy").value;
        cxt.fillRect(x.split(',')[0], x.split(',')[1],5,5);
    }
```

```
var canvas=document.getElementById('canvas');
    var cxt=canvas.getContext('2d');
    </script>
    </body>
    </html>
```

需要明确指出的是,在文本框控件上绑定 onclick 事件来触发绘图是可行的。但是,这样做需要确保"rawMouse-鼠标动作"控件发送的单击事件的坐标必须位于文本框所在的区域中。相比之下,在整个页面的 body 上绑定 onclick 事件要更加灵活。通过这种方式,点击页面的任何区域都可以触发绘图函数,而不仅限于文本框的区域。这种方法使得用户在任意地方进行单击操作都能及时进行绘图,并提供了更大的操作自由度。

S3.2.4 运行结果

打开网页并运行 RPA 项目,结果如图 S3-11 所示。在该项目中,我们生成了 50 个坐标点,并将它们按照坐标位置绘制到画布上。

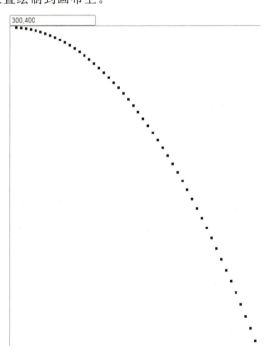

图 S3-11 运行结果

S3.2.5 功能改进

用 JS 代码一样可以完成本项目的坐标生成逻辑，代码如下。

```html
<html>
<script>
function autoDraw(){
    var xy = Array.from(new Array(50),(item, index) => index + 1).map(a =>
{return [a*10,a*a*0.25]});
    xy.map(a => {document.getElementById('canvas').getContext('2d'.fillRect(a
[0],a[1],5,5);});
}
</script>
<body>
<button type = "button"onclick = "autoDraw()">autoDraw</button><br>
<canvas id = "canvas" width = "1500" height = "800" style = "border:1px solid red">
</canvas>
</body>
</html>
```

通过对比可以发现，Array.from(new Array(50),(item,index) => index + 1)就相当于 Linux 脚本的 seq 50 命令，而 map 即一行执行一次功能块，xy.map(……fillRect……)即相当于 cat xy | xargs -i bash -c "……fillRect……"即针对每组 xy 中的值均执行一次 fillRect 相关的操作。JS 代码在形式上也十分类似 Linux 脚本语言中各功能块的组合，这并非偶然，此类基于功能块组合的编程语言都是函数式编程风格。特点是只要掌握少数几个基本功能块，我们就能解决问题，甚至跨编程语言地进行编程。通过学习一门编程语言，我们可以类比地掌握多门编程语言的组合创造精髓。这种编程风格的发展为我们提供了更加灵活和高效的编程方式，并提升了我们在解决问题时的思维和创造力。

这个改进又提供了一种实现函数绘图器的方法，即在 RPA 中发送一个函数到网页上，激活网页页面绑定的 JS 代码，而 JS 代码根据函数的形式生成若干坐标并绘图。这说明，在多个编程环境联合完成同一项目时，各编程环境均可能完成部分项目功能，不同的功能拆分情况可能形成不同的联合实现方案。

S3.3 GUI 自动化的 Linux 方法

Linux 平台有若干自动发事件的命令,本实训中将用到 xdotool。在 xdotool 的诸多参数中,不但有发送键盘/鼠标事件的参数,还有改变窗口的尺寸、移动窗口的参数。

发送键盘事件。例如,xdotool key F2 发送一个 F2 键到当前高亮的窗口上;xdotool search -name gdb key ctrl+c 发送组合键 CTRL+C 到名为"gdb"的窗口。后一个命令再次展现了 Linux 平台组合的思想,因为它可以分成两步来理解,即先找到名为 gdb 的窗口,再发键盘事件给这个窗口。有时候要发送更细分的键盘事件,则可以用 keyup/keydown 代替 key 以具体描述键抬起和被按下的事件。

在发送鼠标事件时组合的思想更常见,例如,xdotool mousemove 0 0 click 1 mousemove restore 表示先移动鼠标到屏幕左上角,再按下左键,最后移动鼠标到原来的位置,这是典型的三个功能块的组合。click 表示鼠标键按下,后面的数字 1~5 依次表示鼠标左键、中键、右键、滚轮向上和滚轮向下。可以用-repeat 参数表示连续按下鼠标键的次数,因此,repeat 2 click 1 就表示左键双击事件。类似键盘事件的细分情况,鼠标事件也可以指定为 mousedown 和 mouseup。

鼠标事件可以触发多个键盘/鼠标事件的组合动作。例如,xdotool behave_screen_edge bottom-left search-class google-chrome windowactivate-delay 250 ctrl+t ctrl+k ctrl+v Return 表示鼠标移动到屏幕左上角时,自动触发搜索 Google 浏览器并将其高亮的功能,并且以 250 ms 的延时依次输入几个组合键,最后回车。

还可以改变窗口尺寸,例如,xdotool windowsize I<window> 100% 50%;移动窗口,例如,xdotool getactivewindow windowmove 100 100;不改变 X 坐标可以用 xdotool getactivewindow windowmove ×100。

此外,还有更多不常用的鼠标事件。例如,当计算机连接了多个显示器时,可以用-screen 参数指定鼠标移动到哪个显示器上。当按钮控件被鼠标事件按下时,有时需要等待一段时间按钮才响应。

xdotool 还可以和 Linux 脚本语言配合,实现更多的自动化效果。例如,seq 500 | xargs -i xdotool mousemove {} {} 将让鼠标从屏幕的左上角沿着右下方向移动到 X/Y 坐标都是 500 的位置上。又如,seq 0 0.02 5 | awk '{print 600+500*cos($1)","600+500*sin($1)}' | sed 's/\..*,//g' | sed 's/\..*//g' | awk '{system("sleep 0.2;xdotool mousemove "$1" "$2");}' 将按每秒 50 次的频率移动鼠标,移动轨迹在屏幕上是中心位于(600,600)且半径为 500 像素的一个圆弧。还可以把 xdotool 的命令放到如下脚本文件中。

```
#!/usr/local/bin/xdotool
search --onlyvisible --classname $1
windowsize %@ $2 $3
windowraise %@
windowmove %1 0 0
windowmove %2 $2 0
windowmove %3 0 $3
windowmove %4 $2 $3
```

执行 ./filename 600 400 后即可将与当前窗口同属一个类别的前 4 个窗口提到前台，并在屏幕上按每个 600×400 的尺寸以 2×2 的栅格形式紧邻地放置。

综上所述，xdotool 是 Linux 平台下一个功能十分强大的发事件命令，其强大之处在于设计思路与 Linux 脚本语言一脉相承，重在以简单的功能块组合出复杂的功能来。

接下来，通过一个命令执行演示项目实践 GUI 自动化的 Linux 方法。

该项目源于真实的教学需求。在 Linux 脚本文件的运行过程中，往往无法直观地看到每条命令的执行过程，这使得初学者认为脚本文件的封装过于抽象，难以与实际的运行效果产生直接的映射。为解决这个问题，可以使用 xdotool 命令来向另一个终端发送脚本命令，并通过发送回车符号来执行这些命令，从而让用户可以直观地观察到当前终端所执行的每条命令及其执行后的结果。

从本质上讲，命令执行过程的演示与发送键盘和鼠标事件是相似的，区别在于键盘和鼠标事件是一种特殊的命令，其形式并不像 Linux 命令那样是一行行的字符形式。

此外，Linux 的开放性和灵活性导致了在实现相同需求时可能存在不同的技术路线。本节展示了基于 xdotool、nc 和 python 的三种不同方法来实现相同的需求。这些技术路线各有特点，但都能为用户提供直观地演示命令执行过程的方式，从而增强对脚本执行的可视化理解。

S3.3.1 基于 xdotool 的实现方法

用 xodotool 发送按键时，要分 type 和 key 两类不同的按键作处理，前者发送一般字符而后者则发送特殊字符。简单地说，xdotool type 'seq 5'; sleep0.5;xdotoolkey Return 就可以实现向本终端窗口发送命令 "seq 5" 后回车执行。必须注意，必须加上 sleep 命令，否则第二次发送 Return 时，终端窗口来不及反应，将错过 Return 事件，达不到回车的效果。

在基本命令的基础上，多次发送命令并执行的脚本可由 xargs -i 组合实现，具体命令和结果如下。

```
$ echo -e "seq 5\n date\n seq 3" | xargs -i bash -c "xdotool type '{}'; sleep 1; xdotool key Return"
```
seq 5　此行及后两行以 1 s 间隔出现

date

seq 3

z@z-ThinkPad-T430：~ $ seq 5　　此行以之后的内容一批出现

1

2

3

4

5

z@z-ThinkPad-T430：~ $ date

Tue May　9 12:57:58 CST 2023

z@z-ThinkPad-T430：~ $ seq 3

1

2

3

这个方案有一个不足之处，即所发的命令先统一显示到屏幕，间隔为 1 s，但是命令先不执行，直到所有命令接连显示完毕才批量执行所有命令，并且执行的结果批量放到屏幕上。因此，这个方案失去了逐条命令执行和演示的效果，需要改进。

xdotool 向自身的终端窗口发送多条命令时就会出现这种情况，因此，用 xdotool 向别的终端窗口上发送命令，就可达到预期的执行演示效果。修改后的脚本如下。

```
$ echo -e " seq 5 \n  date\n  seq 3" | xargs -i bash -c "xdotool search-name 'mcu' windowactivate type -delay 300 ' {}'; sleep 1;  xdotool key  Return"
```

终端窗口上的显示如下，此时命令输入完成后，要等待 1 s 才回车，而命令中相邻两个字符之间的发送也有 300 ms 的延迟，因此，在演示效果方面完全模拟了人的键盘输入操作，满足了项目需求。

z@z-ThinkPad-T430：~/mcu $　　seq 5

1

2

3

```
4
5
z@z-ThinkPad-T430:~/mcu $    date
Tue May   9 13:14:05 CST 2023
z@z-ThinkPad-T430:~/mcu $    seq 3
1
2
3
```

S3.3.2　基于 nc 的实现方法

Linux 平台是一个极其开放的创造平台，实现特定功能的方法有很多，因此，如不使用 xdotool 这类专业的事件收发命令，而仅使用更基本的命令也是可以的。显然，实现本项目只需要有能侦听网络端口数据的命令和自动向端口发送数据的命令即可，将侦听到的数据作为命令执行并同时将命令自身和命令执行后的结果显示到屏幕上即可实现命令执行演示的功能。

在 Linux 平台上，网络端口收发的命令有 nc 和 socat 等，此处选择更简单的 nc 来实现。侦听方用 nc 的-l 参数将收到的数据交给 awk 的 system 函数作为命令执行，同时，awk 用 print 函数将命令打印到屏幕上；发送方将多条命令用 echo 生成多行的形式，并逐行用 nc 发到侦听方，此外，在每次发送后增加了 2 s 的延时，以达到教学演示的作用。图 S3-12 所示是三条命令：date、seq 5 和 ls | grep ttf 的执行演示过程。与 RPA 方法中的控件相比，echo、grep、xargs -i、awk 和 nc 是高一级的功能块，而 awk 中的 system 函数和 print 函数是高一级功能块中的子功能块，功能块层层嵌套与调用过程的原理是完全一致的，并且和编程语言的函数层层嵌套与调用原理也一致。

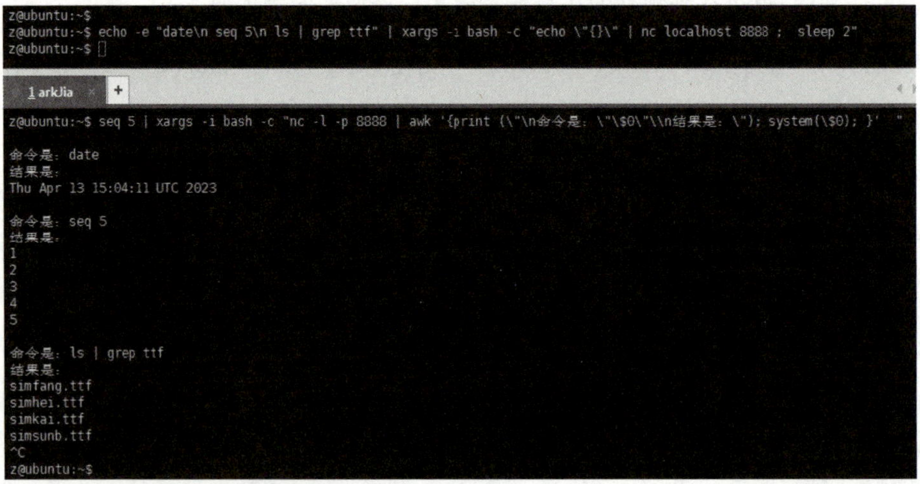

图 S3-12　基于 nc 的实现方法

其中的发送方命令 echo \"{}\" 实际就是 echo "{}"，因为位于 bash -c 的双引号中，所以引号前要用转义符号\。另外，命令管道 xargs -i 传递来的内容{}必须加上双引号，即 echo "{}" 才能保证形如 "ls | grep ttf" 的命令能正常发送出去，否则，bash -c 执行的将是 echo ls | grep ttf | nc localhost 8888，nc 之前传递来的结果是空，所以 nc 什么也不会发出来。类似地，收方收到命令给 awk 时也要用转义符号。所有这些都是 Linux 脚本语言的细节，它们相当于 awk 功能块中比 system 函数和 print 函数更细节的子功能块，属于更加枝节的知识点，对它们不熟悉也不影响对命令执行流程的理解。

S3.3.3 基于 python 的实现方法

命令执行过程的演示项目还可以用 python 来完成，显然只要能向某个终端发送字符，尤其是回车字符，就等于控制了终端所连接到的服务器。具体地，可以用 termios 库和驱动程序 ioctl 命令接口直接访问终端对应的字符设备，如下 python 代码的功能为向命令行传递来的参数 1 所表示的终端字符设备上发送参数 2 代表的字符串。

```
$ cat zsend.py
import fcntl
import sys
import termios
with open( str(sys.argv[1]), 'w') as fd:
    for char in eval("'" + sys.argv[2] + "'") :
        fcntl.ioctl( fd, termios.TIOCSTI, char)
```

根据此 python 命令脚本文件的形式易知，它可以包装成一个名为 zsendonce.cmd 的 Linux 脚本文件，更方便使用。其中的 /dev/pts/24 是终端字符设备，设备号 24 能在终端里用 ps 命令查到，而 $* 表示所有上层传递来的参数，再多加一个回车符号\x0a 以实现命令发到终端后自动模仿人的回车操作。

```
$ cat zsendonce.cmd
sudo python zsend.py /dev/pts/24 "$* \x0a"
```

基于此脚本，就可以将脚本命令成批定时发送到 24 号终端上执行，并且因为发送的是命令的字符串本身，所以执行过程本身和执行的结果全可见，真实地模拟了人在一条条执行多条脚本命令的过程。一个简单的实例如下：

```
./zgen_all_cmds.cmd__Linux | xargs -i bash -c "./zsendonce.cmd {}; sleep 0.5"
```

其中，脚本命令文件 zgen_all_cmds.cmd_Linux 执行后将生成很多条脚本命令，并由命令管道 xargs-i 自动每条发给 zsendonce.cmd 命令执行，两条命令的执行间隔是 0.5 s。zgen_all_cmds.cmd_Linux 的原理是，先计算名单 names.tmp 中的人数，再为每人生成一份 clear、mkdir 姓名学号、cd 姓名学号和 cd..的四步操作，形式上即是为每人建立了属于自己的姓名和学号命令的目录。脚本内容如下：

```
$ cat zgen_all_cmds.cmd_Linux
cat names.tmp | wc-l | xargs-i seq {} \
  | xargs-i bash-c " \
  echo clear
  sed -n '{}p' names.tmp | awk '{print(\"mkdir \"\ $ 2\ $ 3);}';
  sed -n '{}p' names.tmp | awk '{print(\"cd \"\ $ 2\ $ 3);}';
  echo cd ..;"
```

其中，sed -n '{}p' 的作用是将每行的姓名和学号信息传递给 awk 生成 mkdir 和 cd 的命令，当然，awk 此处完成的功能用 echo 同样可以实现，此处不再展示。

S3.4 基于 Linux 的 expect 命令的交互项目

本项目来自真实的芯片仿真验证结果的自动判断，核心技术在于获取终端屏幕上的内容。在芯片仿真验证行业中，大量测试运行后出现海量结果需要判断对错，判断的结果将定位芯片设计中存在的缺陷。只要获取了终端屏幕上的内容，就可根据内容判断对错，还可根据内容执行更多交互性的操作。在 Linux 平台下，expect 命令用于获取终端屏幕上的内容。

在本项目中，以 1—15 共 15 种情况运行 zexpect.once.cmd 脚本，而 zexpect.once.cmd 脚本中又调用了 z.cmd 脚本，整体上执行了./z.cmd 5、./z.cmd 10、./z.cmd 15 等命令。结果经 expect 分析后，得出./z.cmd 10、./z.cmd 20、./z.cmd 30 这几种情况的结果是正确的，而./z.cmd 5、./z.cmd 15、./z.cmd 25 的测试结果不正确，如图 S3-13 所示。

```
z@z-O-E-M:~$ seq 15 | awk '{print("./zexpect.once.cmd "$1*5" "$1);}' | xargs -i bash -c "{}"
spawn ./z.cmd 5
LXT2 info: dumpfile 1.vcd opened for output.
计数器当前是:     2
expect: spawn id exp4 not open
    while executing
"expect eof"
    (file "./zexpect.once.cmd" line 11)
spawn ./z.cmd 10
LXT2 info: dumpfile 1.vcd opened for output.
计数器当前是:     2
..........................仿真的结果, 完全完全正确............................
spawn ./z.cmd 15
LXT2 info: dumpfile 1.vcd opened for output.
计数器当前是:     4
expect: spawn id exp4 not open
    while executing
"expect eof"
    (file "./zexpect.once.cmd" line 11)
spawn ./z.cmd 20
LXT2 info: dumpfile 1.vcd opened for output.
计数器当前是:     4
..........................仿真的结果, 完全完全正确............................
spawn ./z.cmd 25
LXT2 info: dumpfile 1.vcd opened for output.
计数器当前是:     6
expect: spawn id exp4 not open
    while executing
"expect eof"
    (file "./zexpect.once.cmd" line 11)
spawn ./z.cmd 30
LXT2 info: dumpfile 1.vcd opened for output.
计数器当前是:     6
..........................仿真的结果, 完全完全正确............................
```

图 S3-13　基于 Linux 的 expect 的交互项目

根据整体功能不难理解,zexpect.once.cmd 的功能是调用 z.cmd 文件,并给 z.cmd 文件传递不同的参数,脚本内容如下。

```
$ cat zexpect.once.cmd
#! /usr/bin/expect
set value_delay [lindex $argv 0]
set value_expect [lindex $argv 1]
set time 30
spawn  ./z.cmd $value_delay
expect {
" * $value_expect\r" { send "...... 仿真的结果,完全完全正确...... \r" }
}
expect eof
```

其中,spawn 是 expect 的创建进程的命令,将 z.cmd 以参数 $value_delay 执行。参数来自调用 zexpect.once.cmd 脚本时的参数 1,而调用 zexpect.once.cmd 脚本时的参数 2 则是expect 用于结果比较的期望值。因此,如果./z.cmd 执行后显示的内容与期望的内容一致,expect 报出结果完全正确,否则将报错。

z.cmd 是芯片仿真验证的命令文件,每次运行时带有不同的输入参数。它的原理是,将测试环境 tb.v 中含有 zhc 的行变成不同的参数,然后用 iverilog 及其 vvp 命令对设计文件 counter.v 和 tb.v 作仿真。z.cmd 的内容如下。

```
$ cat z.cmd
cp tb.v tb.v.tmpbak
sed -i 's/.*zhc.*/#'$1';\/\/zhc/g' tb.v
iverilog -o tmp counter.v tb.v
vvp -n tmp -lxt2
cp tb.v.tmpbak  tb.v
```

最后是测试环境 tb.v 的内容,它内部实例化了一个名为 counter 设计模块,并给它提供了时钟和复位信号,还将仿真的信号翻转情况存放到了文件 1.vcd 中,内容如下。

```
timescale 1ns / 1ps
module tb;

reg clk;
reg reset;
wire [7:0] counter_out;

counter   c1(clk,reset,counter_out);

initial begin
  clk = 0;
  reset = 1;
  #115
  reset = 0;
  #80 // zhc
  $display("计数器当前是: %d", counter_out);
  $finish;
end

always
#5 clk = ~clk;
```

```
initial begin
        $dumpfile("1.vcd");
        $dumpvars(0, tb);
    end


    endmodule
```

此处要指出，♯80//zhc 这一行内容在替换命令 sed -i 's/.*zhc.*/♯ '\$1'；\/\/zhc/g' tb.v 作用下，将逐次变成♯5、♯10、♯15 等内容，因此仿真验证了不同情况下的输出结果。尽管此案例比较小巧，原理上已经充分展示了自动与终端屏幕交互的技术实现，至于根据终端屏幕不同的输出做更多的交互便不再深入。

另外，也可以发现 tb.v 中含有大量空行，这种代码风格也是有意而为的：空行隔开的是若干 verilog 语言描述的功能块，因此功能块界定和理解起来比较方便。不论是 verilog 语言，还是 Linux 脚本语言，甚至是 python 语言都将功能块的划分和组织作为十分重要的项目详细设计和编码过程的实施手段。

S3.5 小结

本实训以自动发事件为出发点，探讨了在 RPA 和 Linux 平台上实现自动发事件的功能模块，并以此为基础构建了基于 RPA 的自动学单词项目和函数绘图器。同时，讨论了 Linux 下自动发事件命令 xdotool 的基本用法，并实现了一个命令执行过程的演示项目。此外，通过使用基于 nc 和 python 的两种不同方法，展示了 Linux 平台下各种命令组合的丰富性和多样性，说明 Linux 确实适合培养和发挥创造力。当前存在的和以后将出现的编程环境多种多样，只要它支持人充分发挥创造力，而不是只有固定的方案让人简单重复，都是好的。在技术进步的道路上，创造的快乐与我们同行！

课后练习参考答案